From the Kingdom of Belgium

比利時糕點師
常溫甜點
極致工法

Les sens ciel

瑞昇文化

Introduction

各位讀者，大家好。
我是旅居比利時的甜點師Les sens ciel。
這是接到出版第二本書提案後發生的事。
那時候我正思考著第二本書的主題，
冷不防的腦中出現一個念頭「不然來寫一本有關常溫甜點的書」。

常溫甜點是最基本的甜點。
不容易失敗，也容易在家自己動手做，
而且正因為基本，所以更具深度。
稍微改變一下製作常溫甜點的步驟，最終成果的表情也會更加豐富，
這不僅讓各家甜點店容易打造專屬於自己的特色，
更是實習甜點師修行時最先接觸的甜點種類。
烘焙時間只差距10秒左右，烘焙顏色也會跟著產生變化，
而口感方面則會因麵團的搭配方式而有所不同——
雖然細膩，卻潛藏無限可能的常溫甜點。
為了讓更多人能夠親自嘗試，
我特地撰寫了這本書。

這一次除了基本款常溫甜點，我也構思一些基本款應用版食譜，
提供種類更多樣化的常溫甜點。
希望大家在製作過程中，可以慢慢思考並加入
「我喜歡香氣濃郁一點，試著延長烘焙時間好了」、
「我比較喜歡鬆軟口感，試著縮短烘焙時間好了」等自己的創意。
這就是常溫甜點的魅力所在。不要害怕錯誤與失敗，
盡量從各種嘗試中發掘自己最喜歡的常溫甜點。

真心期盼閱讀這本書的人，
都能從書中發掘自己喜歡的最棒常溫甜點。

レソンシエル（Les sens ciel）

Contents

Chapter 3

歐洲的
傳統烘焙糕點

Chapter 4

充滿堅持的
嚴選烘焙糕點

製作常溫甜點的注意事項

製作常溫甜點前的注意事項如下所示。
請於開始製作前詳細閱讀。

01 建議使用食物調理機製作麵團

揉麵團的時間過長，可能造成奶油因接近融化程度而容易油水分離，進一步導致烘焙後的成品過於黏稠或口感不佳，所以我平時都使用食物調理機製作麵團。食物調理機能充分攪拌事先冷藏的奶油和麵粉，盡可能減少以手觸摸麵團的時間。不會有手的溫度過高造成麵團溫度升高的情況發生，烤焙後的成品更加酥鬆香脆。

02 確實做好「鬆弛」與「發酵」

「置於冷藏室裡發酵」、「靜置於室溫下鬆弛」等作業，都是製作常溫甜點過程中非常重要的環節。在鬆弛期間，水分和麵粉顆粒充分融合，讓麵團不會太乾而妨礙揉麵團作業。除此之外，鬆弛時間不足也會造成麵團延展不易，進而影響口感和外觀。雖然需要多花時間與精力，但請大家確實做好「鬆弛」與「發酵」。

03 使用適量手粉

延展麵團時絕對少不了手粉。本書食譜使用高筋麵粉作為手粉（高筋麵粉顆粒粗，不易吸附水分，麵團較不黏手，模具烤焙時也比較容易脫模）。但過度使用手粉，大量麵粉沾黏於麵團上易使麵團變硬，務必適量就好。延展麵團時，若感覺麵團太軟不易成型，無須著急，先用保鮮膜包覆並靜置於冷藏室裡一晚。

04 烤焙時烤盤前後對調，均勻上色不斑駁

烤箱裡並非每個角落的火力大小都一致，按照正常方式烤焙可能造成表面顏色斑駁不均勻。即便使用熱對流烤箱（熱風循環烤箱，利用馬達和風扇將熱空氣送至每個角落），也難免出現顏色不均勻的情況。均勻上色的訣竅在於「整體開始上色」時將烤盤前後對調，讓整個麵團都能均勻受熱。開關烤箱迅速確實，注意勿讓烤箱內的溫度下降。

05 確實掌握烤焙時間，烤熟烤透麵團！

製作常溫甜點時，確實掌握烤色也是非常重要的關鍵。沒有烤熟的糕點不僅口感不佳，更重要的是不好吃。尤其塔類糕餅，即便是專家，偶爾也會發生塔皮沒烤熟的情況，希望大家務必烤熟烤透麵團。基本上，確實遵照書中記載的烤焙時間，自然不會有太大的問題。然而每個家庭所使用的烤箱火力不盡相同，請大家斟酌情況進行調整。另外，務必熟記完美的烤焙顏色是大概類似豆皮顏色的棕色。

06 視個人喜好調整烤色

可以自行調整烤色也是純手工常溫甜點的優點之一。感覺「烤色好像有點淡？」時，試著稍微延長烤焙時間，進一步享受烤焙樂趣。順帶一提，法國人偏好濃郁的烤色（近乎焦黑的程度），而比利時人則喜歡柔和淺淡的烤色。烤色因國家而異，實為一件有趣的事。

本書注意事項

■關於所需時間

・材料上方皆標註所需時間◔，僅供製作糕點時的參考依據。所需時間為材料量測完成後算起至進入收尾之前的時間，「鬆弛」、「發酵」、「冷卻」的時間另外以+字註記。

・解凍時間和靜置時間依各家庭的冷藏室和冷凍庫等冷卻環境而異，因此沒有包含在所需時間內。請大家視實際情況進行調整。

■關於砂糖

本書基本上使用精白砂糖和糖粉，而特別指定使用糖粉的話，請務必使用糖粉。其餘的部分大家可依個人喜好以其他種類的糖取代精白砂糖。推薦大家嘗試使用三溫糖或蔗糖。

■其他

・使用L尺寸的雞蛋（約60公克）。以蛋黃約20公克，蛋白約40公克計算。

・材料中清楚標記乳脂肪含量的鮮奶油，但也可以使用35～40％含量的鮮奶油代替。使用自己喜歡且容易取得的鮮奶油就好。一般而言，乳脂肪含量低，口感較為清爽；乳脂肪含量高，口感較為濃郁。

・製作餅乾類的麵團沒有全部使用完畢時，可用保鮮膜包起來並置於冷凍庫保存1個月左右。

・書裡也建議巧克力的可可含量，但手邊正好沒有適合的巧克力時，可以依個人喜好自行選用。

・建議使用香草莢，但使用香草油代替也可以。

製作常溫甜點的器材

開始製作糕點之前， 請先準備下列器具。
以下主要介紹方便製作常溫甜點的各項器具。

橡皮刮刀（大．小）

用於刮除殘留於攪拌盆內的材料或攪拌混合作業。建議使用橡皮部位和把手一體成型的橡皮刮刀。

耐熱攪拌盆

建議使用可以盛放熱食、可以放入微波爐中使用的耐熱攪拌盆。

磅秤

製作糕點時禁止使用目測方式量測材料。發粉等顆粒非常細小，建議使用能夠精準測量的電子磅秤（可以測量至小數點以下的類型）。

烘焙墊

建議使用有氣孔的烘焙墊，麵團無須延展也能烤焙得很漂亮。也可以使用烘焙紙取代。

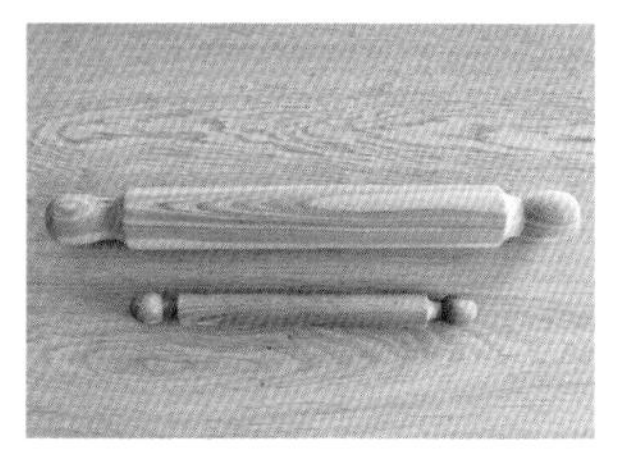

擀麵棍（大．小）

製作餅乾麵團時，有支粗擀麵棍會比較方便。小擀麵棍容易滾動，也非常好用。建議備有2支尺寸不同的擀麵棍，提高製作效率。

止滑墊

鋪在砧板下方，延展餅乾麵團時比較不容易滑動。這是我在影片中也經常使用的便利小物。

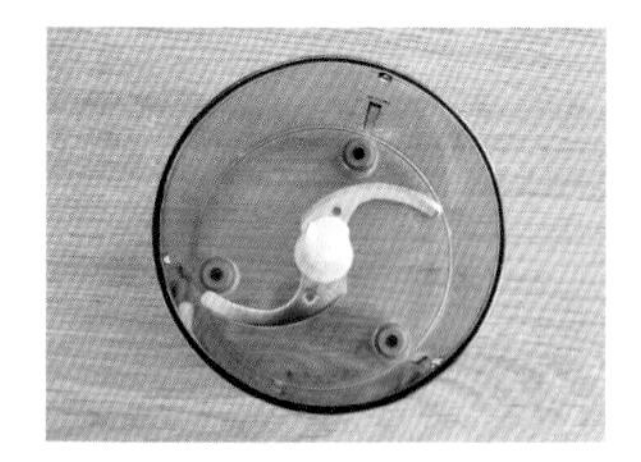

食物調理機

不會額外提高麵團溫度，無須費力揉和就能製作出狀況極佳的麵團。而且能夠一舉縮短製作時間。

電動打蛋器

打發蛋白霜時的必備器具。用於製作鮮奶油，可以大幅縮短所需時間。是製作糕點時的最佳夥伴。

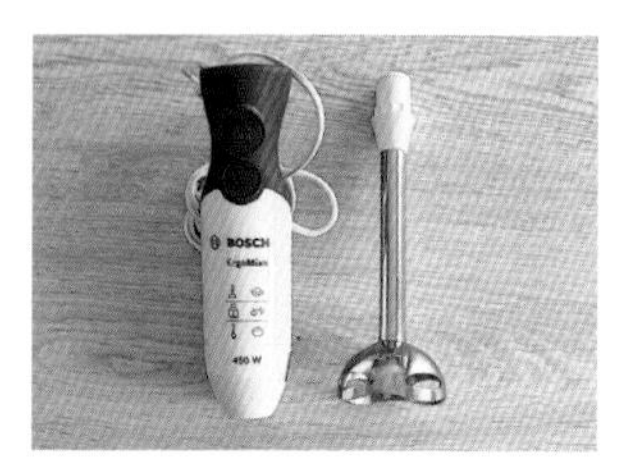

攪拌機

相較於打蛋器，混合攪拌時更不容易有氣泡跑進去。主要用於製作甘納許等巧克力系列的糕點。

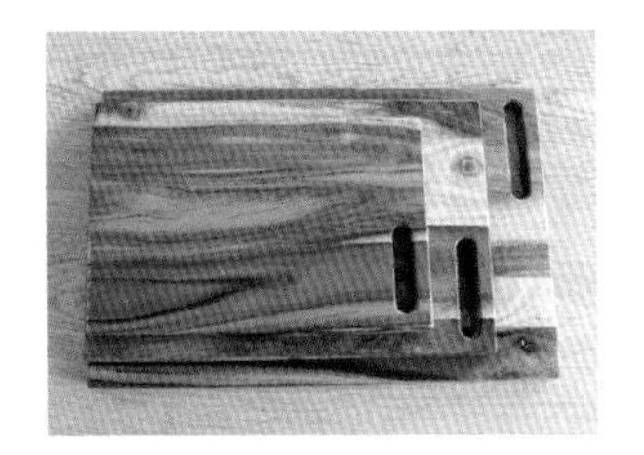

砧板（大・中・小）

除了切、割，也可用於排放成品以進行最後裝飾，或者作為延展麵團的烘焙墊使用。備齊大中小尺寸，作業時更方便。

濾茶網、篩網

用來撒粉、過篩粉類，是製作糕點時的必備器具。多花點時間完成這個步驟，最後成果的品質會更優。

烘焙紙

除了用於烤箱內，也可以鋪在烤模內、製作花嘴、輔助製作蛋糕捲…。是製作糕點中非常活躍的器具。

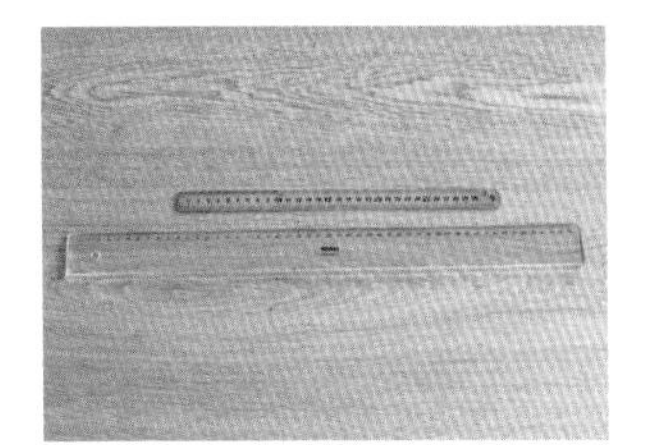

尺

將麵團、材料切割成相同尺寸時、準備符合烤模大小的麵團時，尺是不可或缺的重要器具。建議使用帶有刻度的尺。

直線輪刀

用於直線切割麵團，家裡沒有的話，也可以使用一般常見的披薩輪刀代替。

刷子

塗刷蛋液或裝飾階段時塗抹果醬，同樣是製作糕點時的必備器具。除了一般常見尺寸，也有筆狀刷子，可用於黏接或處理細小部位。

輕型烤盤

使用烤箱原有的烤盤也OK，若計畫追加添購，建議選擇輕型薄烤盤。平時會大量製作糕點的人，最好多買一個備用。

抹刀

用於抹平麵糊或鮮奶油。製作容易變形的糕點時，使用抹刀輔助移動至盤子裡，既省時又省力。

蛋糕模具

用於製作各種糕點的模具，建議使用無底蛋糕模。

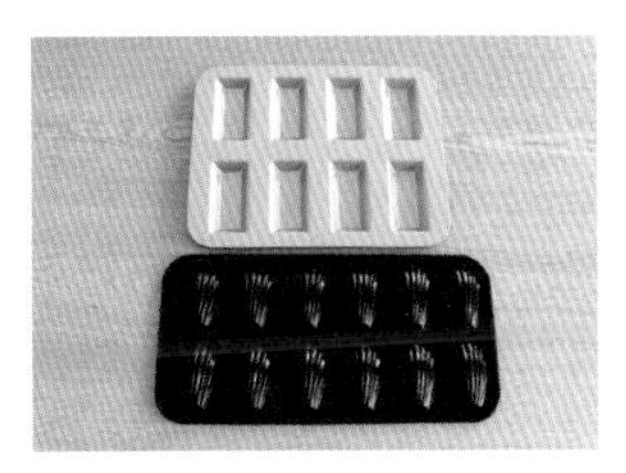

常溫甜點模具

製作瑪德蓮小蛋糕等傳統常溫甜點的專用模具。由於麵團較黏，務必多花點心力在模具裡塗刷奶油備用。

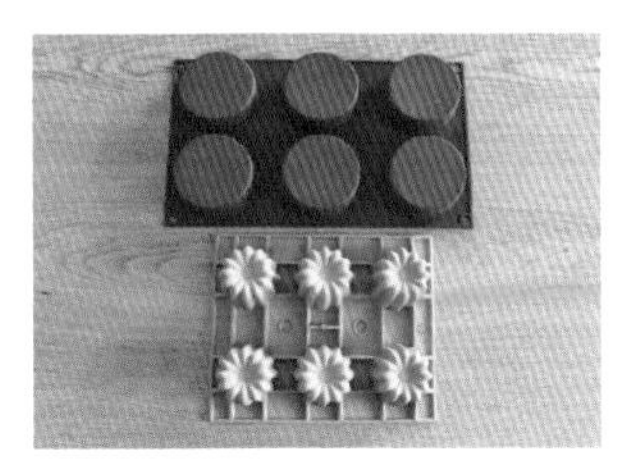

矽膠模具

矽膠製模具不僅容易脫模，也十分耐高溫。市面有各種形狀的矽膠模具，大家可以挑選自己喜歡的形狀。

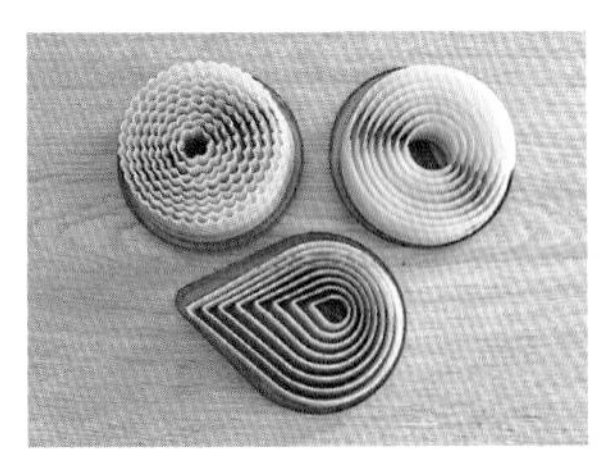

壓模

除了用於製作餅乾，也是製作常溫甜點時的常用器具。市面上同樣有各式各樣的形狀，蒐集可愛壓模也是一種樂趣。

Chapter 1
打造裝滿基本款常溫甜點的餅乾罐

經典餅乾、佛羅倫提焦糖餅、酥脆的葉子派——。

接下來為大家介紹裝滿餅乾罐的

「基本款常溫甜點」。

為了讓所有人都能輕鬆簡單製作，筆者再三改良食譜。

現在就請大家找一個自己喜歡的罐子，

試著挑戰製作完全純手工，

原汁原味的餅乾罐。

no.01

Cookies

壓模餅乾

雖然是看似單調的餅乾，
但透過各種形狀的壓模、裝飾、
以及巧克力淋醬披覆，
單調的餅乾也能有無限創意。
糕點初學者也能輕鬆且愉快地DIY烘焙。

所需時間
1小時40分鐘 ＋30分鐘發酵

材料
《直徑5cm壓模約15個分量、
直徑3cm壓模約18個分量》

◆麵團
A
- 中筋麵粉 ••• 190g
- 糖粉 ••• 70g

B
- 無鹽奶油 ••• 60g
- 有鹽奶油 ••• 60g

蛋黃 ••• 1顆
手粉（高筋麵粉）••• 適量

◆增加光澤的蛋液
C
- 蛋 ••• 20g
- 牛奶 ••• 10g

杏仁（裝飾用）••• 依個人喜好添加
巧克力（裝飾用）
••• 依個人喜好添加

準備

- 過篩糖粉，去除結塊〔a〕。
- 奶油切成骰子狀，置於冷藏室裡冷卻備用〔b〕。
- 烤箱預熱至140度C備用（於步驟11開始預熱最為理想）。

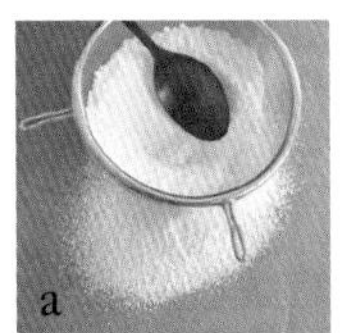
a

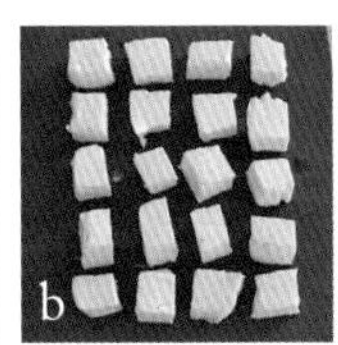
b

step 1 製作麵團

1

A材料倒入食物調理機中確實混合均勻。

2

B材料倒入1裡面，攪拌至奶油變細碎，整體呈細片狀。

3

攪拌至如照片所示。

4

將蛋黃倒入3裡面，用食物調理機混合均勻。這時麵團有些斑駁不均勻也沒關係。

5

取出4放在砧板上，用手揉和成團。

6

用保鮮膜包覆5，再以擀麵棍延展成同一厚度。置於冷藏室裡發酵30分鐘以上。

step 2 烤焙

在砧板上撒手粉，用擀麵棍將6延展成同一厚度。

延展至厚度約5mm，使用自己喜歡的壓模壓出圖案。

將8剩下的麵團再次揉和成團，撒上手粉，同樣以擀麵棍延展成同一厚度，並再次使用模具壓出圖案。

麵團變軟，靜置數分鐘

麵團變軟且不易成型時，請先用保鮮膜包覆並靜置於冷藏室中。

將剩餘的麵團揉在一起後擀平，以菜刀切成條狀。這麼做可以減少浪費。在進行下個步驟之前，先將所有壓模後的麵團置於冷藏室裡備用。

製作增加光澤的蛋液。將C充分攪拌均勻，並用濾茶網過篩備用。開始預熱烤箱至140度C。

烤盤上鋪烘焙墊（或烘焙紙），然後將餅乾麵團整齊排列在上面。

自由創意

可依個人喜好擺放切半的杏仁，發揮創意自由妝點也非常有趣。

在12表面塗刷11的蛋液。手粉過多時，先用毛刷清除後再塗刷蛋液。

放入預熱140度C的烤箱中烤焙30分鐘左右。

烤焙重點

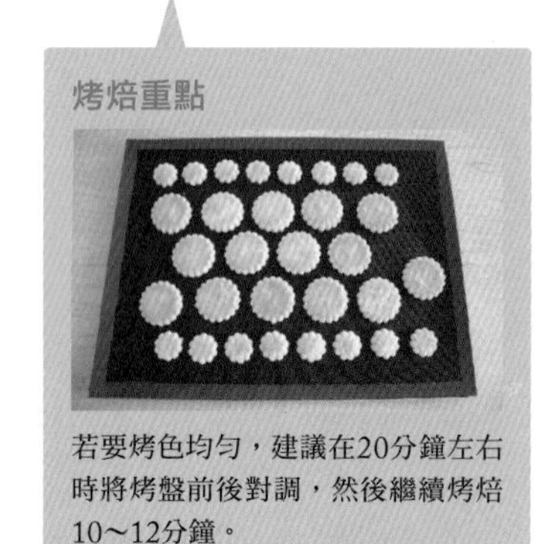

若要烤色均勻，建議在20分鐘左右時將烤盤前後對調，然後繼續烤焙10～12分鐘。

出爐後置涼就完成了。最後可依個人喜好淋上巧克力醬，讓餅乾更加多彩多姿。

享受手工烘焙樂趣的訣竅

以工匠打造的木雕模型製作比利時蓮花薄脆餅

「焦糖餅（Speculoos）」是比利時的傳統甜點。
在日本或許不是那麼耳熟，但如果說到蓮花薄脆餅，大家是不是就熟悉多了呢？
其實蓮花薄脆餅就是比利時傳統甜點焦糖餅。
蓮花薄脆餅是一種使用肉桂和肉荳蔻等特別香料所製作的小餅乾（biscuit）。
將麵團填入模樣細膩的木雕模型中，出爐後的每一塊餅乾都有著美麗精緻的圖案，
外觀非常賞心悅目。有小至手掌的大小，也有大至超過30cm的巨大餅乾，
尺寸和形狀都非常多樣化。
用於製作焦糖餅的木雕模具，原本是由工匠一個一個純手工打造，
但如今已經沒有工匠承襲這項技術，再也買不到全新的木雕模具，實在令人感到遺憾。
由於是工匠純手工打造，所以模具無法如複製貼上般一模一樣，
但正因為如此，每一個模具都充滿溫度。
設計與手工之精緻，令人難以想像那竟然是如此久遠以前的東西，
即使現今的甜點師也非常喜歡使用工匠手工打造的木雕模具。
前往比利時的跳蚤市場，應該都能挖到寶。
雖然價格略高，但一想到是全世界獨一無二的模具，自然會不自覺地掏出錢包（笑）。
雖然一年四季都吃得到焦糖餅，但聖誕節前的「聖尼古拉斯節」（頌揚聖尼古拉斯的祭典），
各店家另外會陳列許多聖尼古拉斯造型的焦糖餅。若有機會在聖誕節假期前往比利時，
千萬別錯過這一年一度的盛會。

→ 下一頁有肉桂餅乾&焦糖餅乾的製作說明。

自購的聖尼古拉斯模具。

享受手工烘焙樂趣的訣竅

活用餅乾麵團 製作肉桂餅乾＆焦糖餅乾

使用P.12介紹的壓模餅乾麵團，製作充滿創意的餅乾。

為了打造焦糖餅風，這次的食譜特別添加肉桂，製作肉桂口味的餅乾。

在日本或許不容易取得，但手邊若有焦糖餅模具，

請務必嘗試製作這款焦糖餅乾。

所需時間
1小時40分鐘 ＋ 30分鐘發酵

材料
《肉桂餅乾：直徑8cm×4.5cm壓模約35個分量、焦糖餅乾：直徑4cm壓模約50個分量》

A
- 中筋麵粉 ••• 185g
- 糖粉 ••• 70g
- 肉桂（或焦糖餅香料）••• 10g

B
- 無鹽奶油 ••• 60g
- 有鹽奶油 ••• 60g

- 蛋黃 ••• 1顆
- 手粉（高筋麵粉）••• 適量
- 精白砂糖（只用於肉桂餅乾）••• 適量

準備

• 烤箱預熱至140度C備用（肉桂餅乾：於步驟2之前，焦糖餅乾：於步驟6開始之前預熱最為理想）。

製作肉桂餅乾

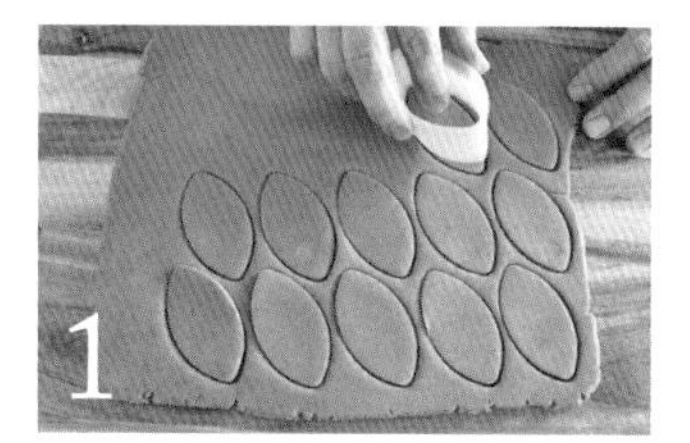

步驟1～8 同壓模餅乾製作方法（P.12）。

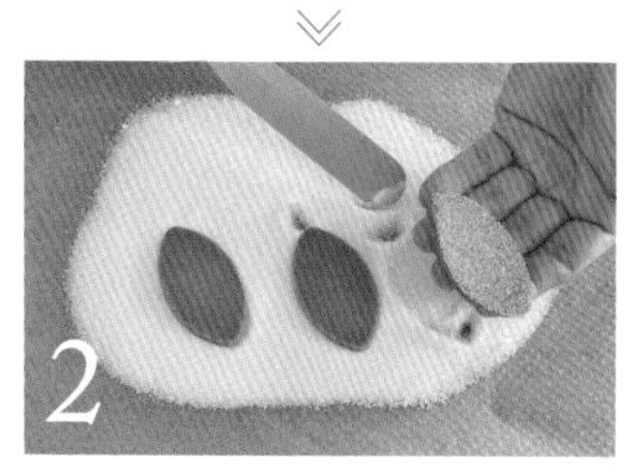

進行這個步驟之前先預熱烤箱至140度C。在麵團單側撒精白砂糖，整齊排列於鋪有烘焙墊的烤盤上。

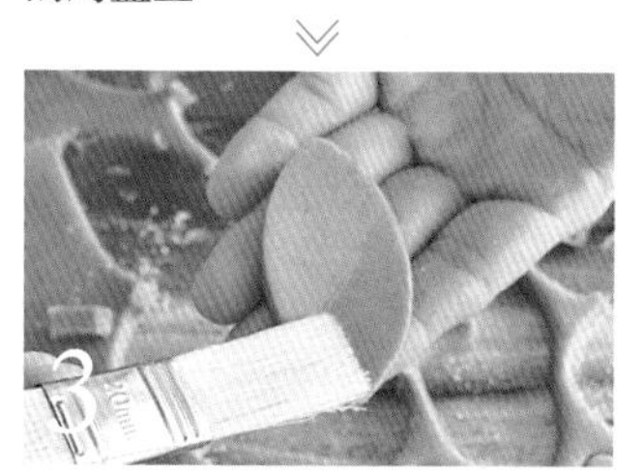

過量手粉或麵團乾燥會造成精白砂糖不易沾裹。遇到這種情況時，稍微拍掉手粉或用毛刷沾水薄薄塗刷在麵團上。

放入預熱140度C的烤箱中烤焙30分鐘左右。若要烤色均勻，在大約20分鐘時將烤盤前後對調，然後繼續烤焙10～12分鐘。出爐後置涼就完成了。

製作焦糖餅乾

步驟1～8 同壓模餅乾製作方法（P.12）。於工匠打造的模具中撒手粉（不要多到覆蓋模具裡的溝槽）。

將麵團填入模具中，盡量不要有空隙。

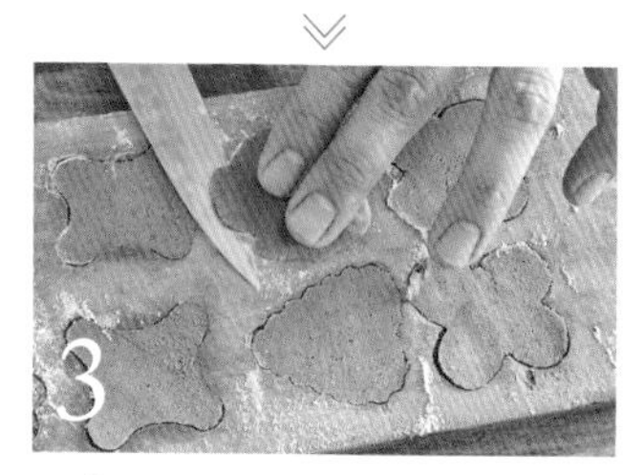

以菜刀刮掉突出部分。

將模具翻過來，以牙籤等輕輕脫模。

整齊排列於砧板上，置於冷凍庫15分鐘。

進行這個步驟之前先預熱烤箱至140度C。用毛刷輕輕刷掉沾附於表面的手粉。

放入預熱140度C的烤箱中烤焙30分鐘左右（約20分鐘後將烤盤前後對調，然後繼續烤焙10～12分鐘）。

完成既美味又賞心悅目的焦糖餅乾。

no.02

Diamant

鑽石餅乾

法文的「Diamant」是鑽石的意思。
由於撒滿精白砂糖，看起來閃閃發亮，
因此取名為鑽石餅乾。口感酥脆又入口即化，
嘴裡充滿濃濃奶油與香草的香氣，一口又一口令人愛不釋手。
這是一款冰盒餅乾，
最大的魅力就是能夠一次大量製作。

所需時間
2小時15分鐘 + 30分鐘發酵 3小時結凍

材料《直徑約2.5cm約45個分量》

A
- 中筋麵粉 ••• 200g
- 精白砂糖 ••• 35g
- 糖粉 ••• 35g
- 香草莢（只使用香草籽）••• 1/2枝

B
- 有鹽奶油 ••• 140g（發酵奶油也OK）

手粉（高筋麵粉）••• 適量
精白砂糖 ••• 適量

準備

- 過篩糖粉，去除結塊〔a〕。
- 奶油切成骰子狀，置於冷藏室裡冷卻備用〔b〕。
- 烤箱預熱至140度C備用（於步驟12開始預熱最為理想）。

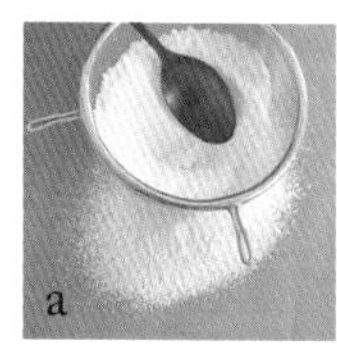

step 1 製作麵團

A材料倒入食物調理機中確實混合均勻。

關於香草莢

先用菜刀對半剖開香草莢，從頭部刮至尾部取出香草籽。取完香草籽的香草莢可用於製作蛋塔（P.64）和悲慘世界蛋糕（P.88），事前取出備用，有利於之後的各項作業。

B材料倒入1裡面，攪拌至奶油變細碎，整體呈細片狀。

混合攪拌至這個程度

這時還殘留一些粉狀顆粒也沒關係。

取出2置於砧板上，用雙手揉和成團。

整理成長條狀

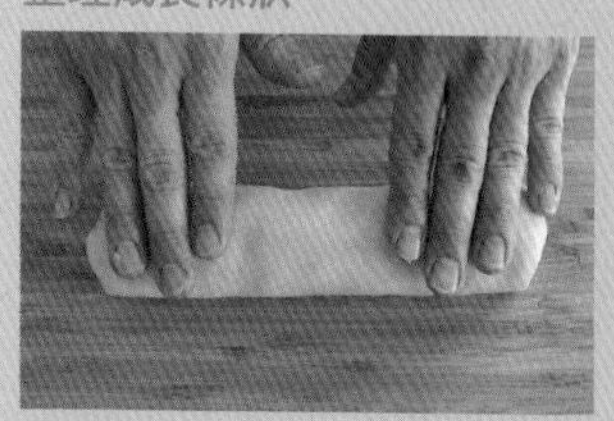

起初不容易揉成團，有點耐心慢慢揉和。注意勿過度搓揉，大致整理成圖中的形狀和粗細就好。

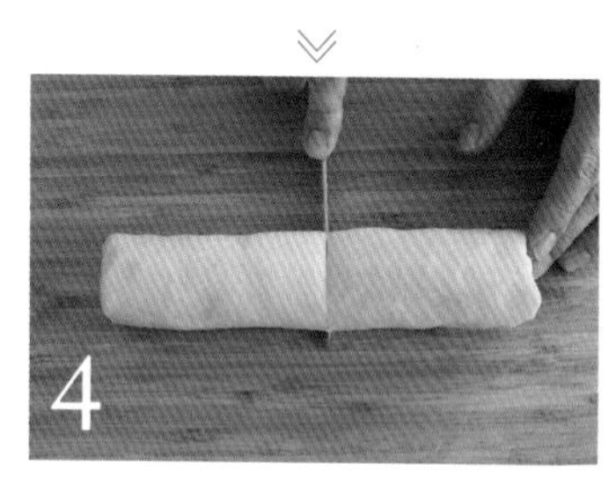

將3分割成2等分。用尺等精準量測並分成2等分，勿單憑目測。

置於砧板上，蓋上保鮮膜並靜置於冷藏室30分鐘左右。

step 2 滾圓麵團

在砧板上撒手粉，取分割成2等分的其中一個麵團，揉和至整體軟硬均衡。

揉和麵團的重點

沒有將麵團揉和至軟硬均衡的情況下，滾圓時麵團表面容易變得凹凸不平。

將麵團慢慢滾成棒狀。

形狀調整至一定程度後，利用砧板表面將棒狀麵團滾漂亮。

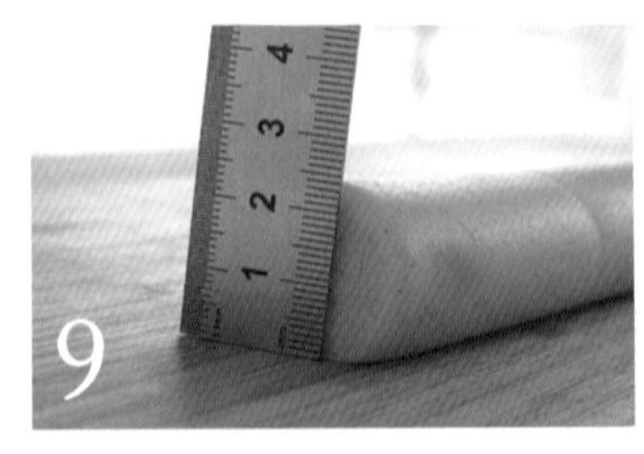

最後將麵團調整至直徑約2.5cm的棒狀。另外一個麵團也是同樣作法。

用烘焙紙將**9**一根根捲起來，置於冷凍庫中最少3個小時，讓麵團完全變硬定型。用烘焙紙捲起來，比較不容易變形。

step 3 烤焙

自冷凍庫取出**10**，稍微解凍至容易切割。務必留意從冷凍庫取出後立即切割的話，容易因為過硬而碎裂。

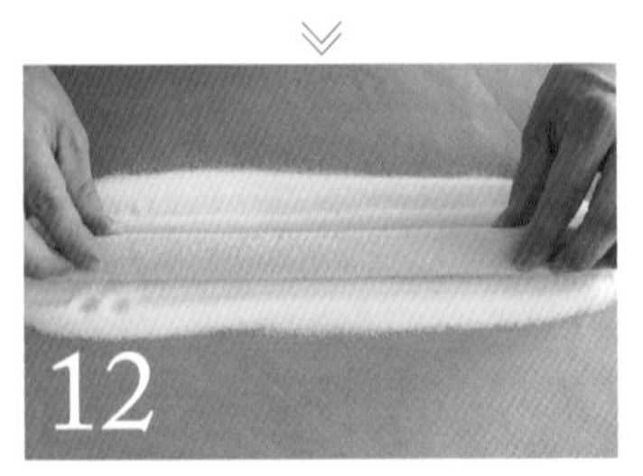

在烘焙紙上撒精白砂糖，將**11**放在上面滾動以沾附砂糖。在這個同時預熱烤箱至140度C。

容易沾附精白砂糖的訣竅

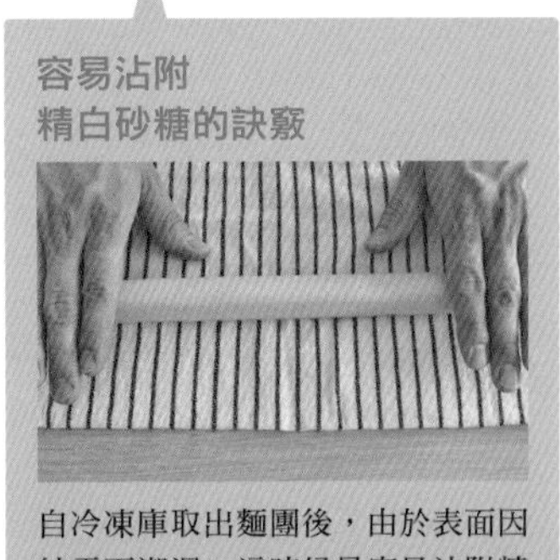

自冷凍庫取出麵團後，由於表面因結霜而潮濕，這時候最容易沾附精白砂糖。麵團上有過多手粉會造成砂糖不易沾附，遇到這種情況時，建議先在濕毛巾上滾動一下。

13

用尺精準量測，每隔1.5cm做個記號。

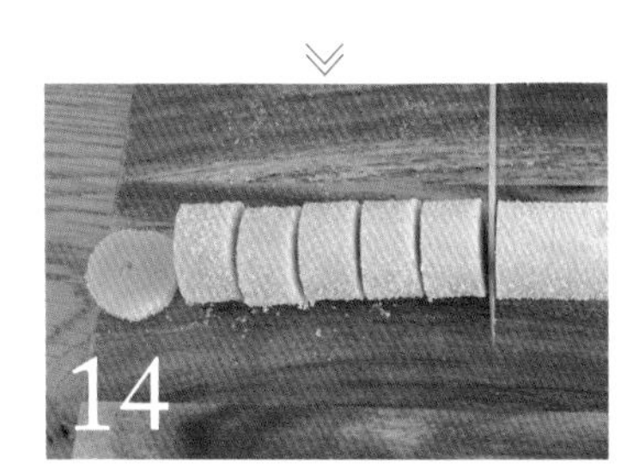

沿著記號分割成塊。

將**14**排列於鋪有烘焙墊的烤盤上。

放入預熱140度C的烤箱中烤焙35分鐘左右。

出爐後置涼就完成了。

烤焙時的重點

若要烤色均勻，建議在20分鐘左右時將烤盤前後對調，然後繼續烤焙15分鐘。

比利時的下午茶時間

比利時的
咖啡歐蕾Lait Russe

Lait Russe直譯的話，其實就是俄羅斯牛奶。比利時將添加大量牛奶的咖啡歐蕾稱為Lait Russe。牛奶與咖啡的比例因地區而異。初次來到比利時的時候，我並不知道Lait Russe指的是咖啡歐蕾，還一度誤會「咖啡館的菜單中怎麼都沒有咖啡歐蕾～」（笑）。Lait Russe非常適合搭配餅乾一起享用，但「r」不太好發音，前來比利時之前，記得多練習這個發音喔。

no.03

Chocolate nut cookies

巧克力堅果餅乾

香脆又入口即化的餅乾充滿濃郁的可可香氣，
堅果的芳香更具畫龍點睛之妙。
一口便能享受各種美味與樂趣，
是送禮時的最佳選擇。

所需時間
2小時45分鐘＋30分鐘發酵 3小時結凍

材料《直徑2.5cm約45個分量》

杏仁 ••• 45g

A
- 中筋麵粉 ••• 120g
- 糖粉 ••• 50g
- 杏仁粉 ••• 35g
- 可可粉 ••• 30g

B
- 有鹽奶油 ••• 80g
- 無鹽奶油 ••• 35g

牛奶 ••• 10g

手粉（高筋麵粉）••• 適量

精白砂糖 ••• 適量

準備

- 過篩糖粉，去除結塊〔a〕。
- 奶油切成骰子狀，置於冷藏室裡冷卻備用〔b〕。
- 烤箱預熱至150度C備用（為了烘焙杏仁。於步驟1開始之前預熱最為理想）。
- 烤箱預熱至140度C備用（於步驟19開始預熱最為理想）。

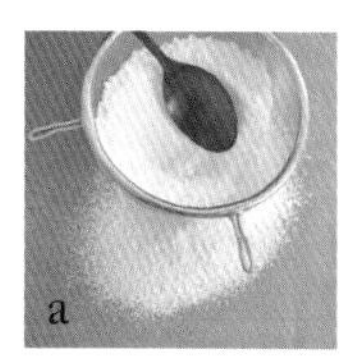
a

b

step 1 製作麵團

為了讓杏仁更有香氣，鋪於烤盤上並放入預熱150度C的烤箱中烘焙20分鐘左右。

不需要烤到熟透！

烘焙程度為杏仁剖半時，裡面的顏色大致呈豆皮色。由於之後會添加在餅乾麵團中並再次烤焙，因此這個階段沒有完全烤到熟透也沒關係。

用菜刀切碎**1**（1顆杏仁約切成10～12等分）。

杏仁顆粒太大時，會造成麵團不易滾圓。反之，太小時則會讓口感變差，所以大小務必適中。

A材料倒入食物調理機中確實混合均勻。

B材料倒入**4**裡面，攪拌至奶油變細碎，整體呈細片狀。

注意勿攪拌過度！

攪拌過度會造成奶油融化，全部變成一團，所以攪拌至整體呈細片狀就好。

將牛奶倒入**5**裡面，攪拌至牛奶與麵團全部融合在一起。

這時還殘留一些粉狀顆粒也沒關係。

將3置於砧板上，再把7的麵團覆蓋上去。

用手將麵團和杏仁碎顆粒混合在一起並揉和成團。

慢慢調整形狀呈長方形。大致整形成圖片中的粗細。

將10分割成2等分。用尺等精準量測並分成2等分，勿單憑目測。

將11置於砧板上並覆蓋保鮮膜，置於冷藏室發酵約30分鐘。

step 2 滾圓麵團

在砧板上撒手粉，取分割成2等分的其中一個麵團，揉和至整體軟硬均衡。

揉和麵團的重點

沒有將麵團揉至軟硬均衡的情況下，滾圓時麵團表面容易變得凹凸不平。

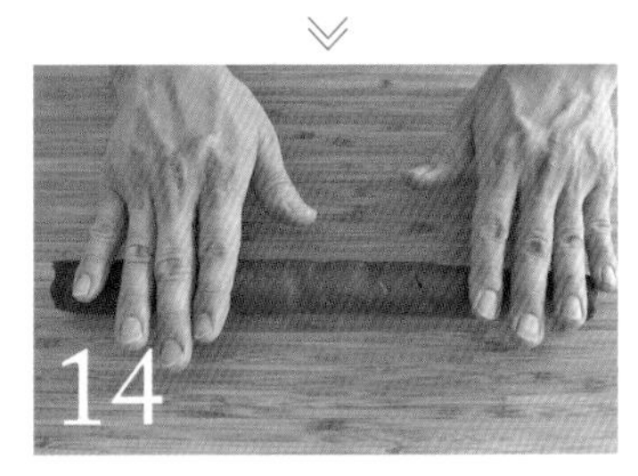

將麵團慢慢滾成棒狀。

15

形狀整理至一定程度後，利用砧板表面將麵團滾漂亮。

最後將麵團調整至直徑約2.5cm的棒狀。另外一個麵團也是同樣作法。

用烘焙紙將**16**捲起來，置於冷凍庫中至少3個小時，讓麵團完全變硬定型。用烘焙紙捲起來，比較不容易變形。

step 3 烤焙

自冷凍庫取出**17**，稍微解凍至容易切割。務必留意從冷凍庫取出後立即切割的話，容易因為過硬而碎裂。

在烘焙紙上撒精白砂糖，將**18**放在上面滾動以沾附砂糖。在這個同時預熱烤箱至140度C。

> **容易沾附精白砂糖的訣竅**
>
> 自冷凍庫取出麵團時，由於表面因結霜而潮濕，這時候最容易沾附精白砂糖。麵團上有過多手粉會造成砂糖不易沾附，遇到這種情況時，建議先在濕毛巾上滾動一下。

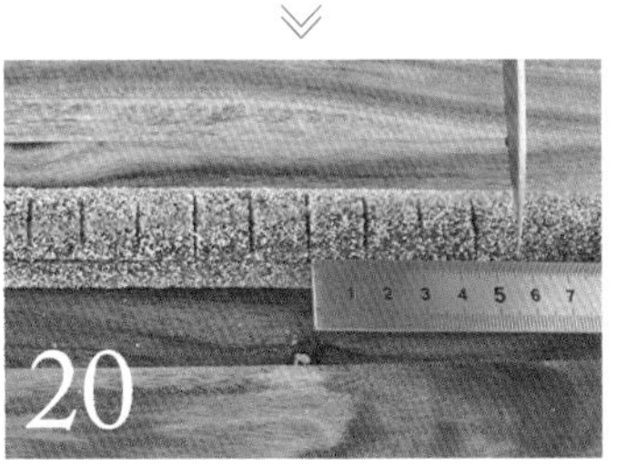

用尺精準量測，每隔1.5cm做個記號。

沿著記號分割成塊，整齊排列於鋪有烘焙墊的烤盤上。

放入預熱140度C的烤箱中烤焙35分鐘左右。

> **烤焙重點**
>
> 若要烤色均勻，建議在20分鐘左右時將烤盤前後對調，然後繼續烤焙15分鐘。

出爐後置涼就完成了。

no.04

Galette bretonne

布列塔尼酥餅

濃郁奶油風味的厚烤餅乾，
讓喜歡手作甜點的人欲罷不能。
在家也能輕鬆做出專業口感與美味，
誠心推薦給初學者，
千萬別錯過剛出爐的酥脆美味。

所需時間
2小時10分鐘 +3小時發酵 20分鐘晾乾

材料《直徑約4cm壓模約20個分量》

◆麵團

A
- 中筋麵粉 ••• 160g
- 糖粉 ••• 80g
- 杏仁粉 ••• 15g
- 發粉 ••• 1.5g

B
- 無鹽奶油 ••• 70g
- 有鹽奶油 ••• 60g

蛋黃 ••• 1顆

手粉（高筋麵粉）••• 適量

◆增加光澤的蛋液

C
- 蛋黃 ••• 1顆
- 鮮奶油 ••• 2g

（可用1g牛奶取代，但使用鮮奶油時烤色比較漂亮）

準備

- 過篩糖粉，去除結塊〔a〕。
- 奶油切成骰子狀，置於冷藏室裡冷卻備用〔b〕。
- 烤箱預熱至150度C備用（於步驟13開始預熱最為理想）。

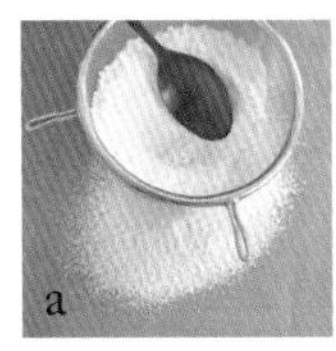
a

b

step 1 製作麵團

1

A材料倒入食物調理機中確實混合均勻。

2

B材料倒入1裡面，攪拌至奶油變細碎，整體呈細片狀。

注意勿攪拌過度！

攪拌過度會造成奶油融化，全部變成一團，所以攪拌至整體呈細片狀就好。

3

倒入蛋黃繼續攪拌，直到所有材料成團。這時還殘留一些粉狀顆粒也沒關係。

4

置於砧板上揉和成團。

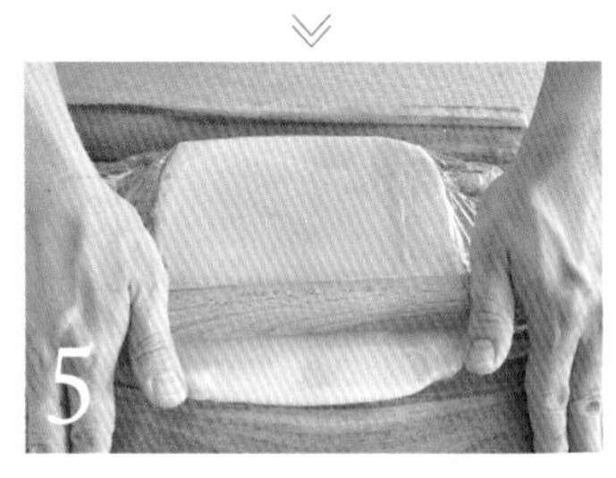
5

用保鮮膜包起來，再以擀麵棍延展成1cm左右的厚度。靜置於冷藏室裡至少3個小時。時間充裕的情況下，建議置於冷藏室裡發酵1天。

step 2 壓模麵團

在砧板上撒手粉，將5整理成1cm左右的厚度。如果還蓋著保鮮膜，直接用擀麵棍將表面擀平整。

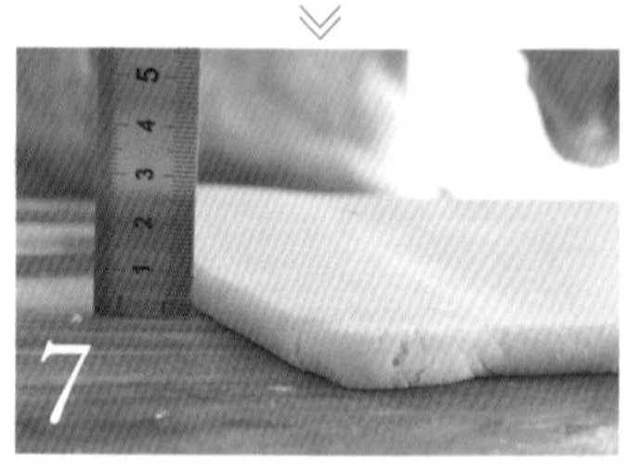

使用尺確認厚度會比較方便且順利。

使用直徑4cm的模具壓模，排列於砧板上。壓模前先於底下鋪好保鮮膜，比較不容易造成沾黏。

將剩餘麵團揉在一起，撒些手粉，同樣整理成1cm左右的厚度，也同樣使用模具壓模。

無法再壓模的小麵團，可以用手搓揉成圓形。完成後放在冷藏室裡。

麵團變軟時

麵團若變得太軟，不用擔心，請先用保鮮膜包覆並置於冷藏室，靜置一段時間後再使用。

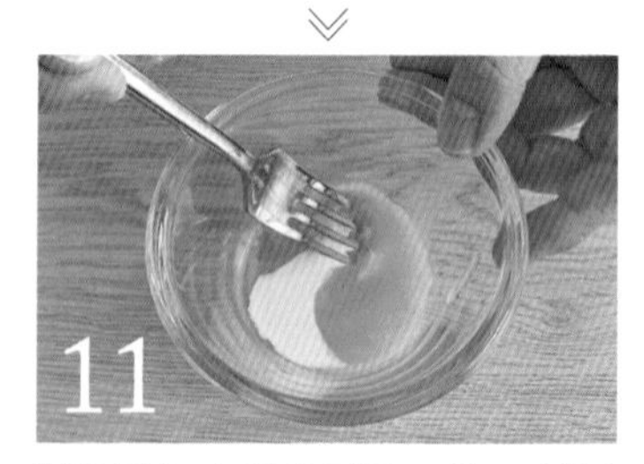

製作增加光澤的蛋液。將C材料充分混合均勻。

自冷藏室取出麵團，將11的蛋液塗刷在麵團上，再次放入冷藏室中10分鐘左右讓蛋液變乾。同樣動作重複2次。

step 3 烤焙

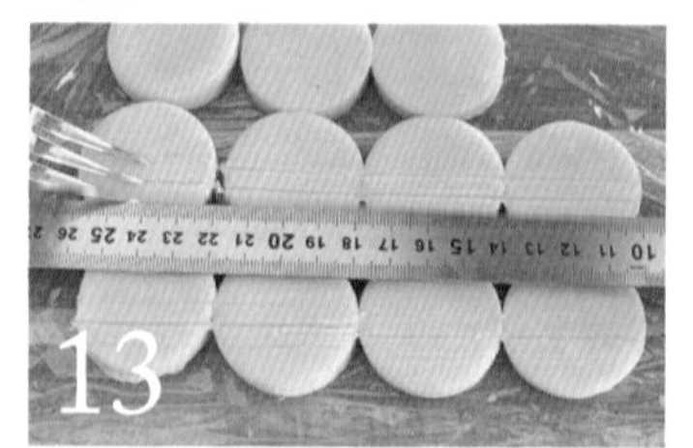

開始預熱烤箱至150度C。用叉子或尺在12表面畫線。

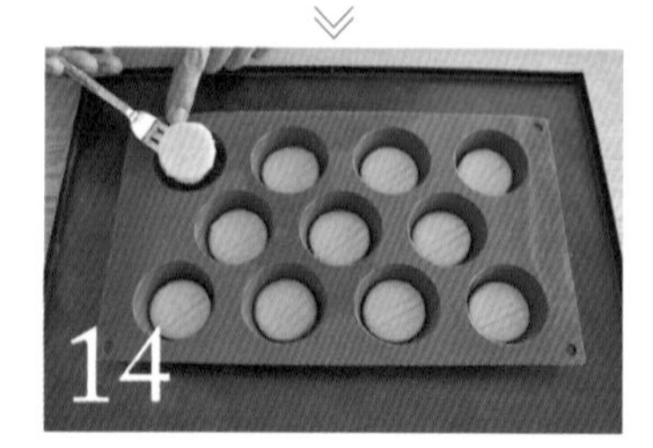

將麵團放入相同尺寸的矽膠模具中。使用圓形烤模也可以，但請先在烤模上塗刷薄薄一層沙拉油（分量外）。使用鋁箔紙製作成圓形烤模也OK。

置於烤盤上，放入預熱150度C的烤箱中烤焙40分鐘左右（30分鐘左右時將烤盤前後對調，然後繼續烤焙10分鐘）。

烤焙前再塗刷蛋液

千萬不要提早塗刷增加光澤的蛋液，否則置於空氣中太久容易變得太乾。分2批烤焙時，請先針對第一批麵團塗刷蛋液就好。一次的烘焙數量依自家烤箱大小和麵團總數量而異，請大家自行斟酌並加以調整。

享受手工烘焙樂趣的訣竅

布列塔尼酥餅午餐

如果你對比利時人或法國人說「我昨天做了Galette bretonne」，
他們可能會回答你「這是相當不錯的『午餐』」。
這句話可能讓喜愛甜食的人滿頭「？？？」問號。
其實，使用大量奶油製作的餅乾「布列塔尼酥餅（Galette bretonne）」
和使用蕎麥粉薄餅佐雞蛋、起司、火腿等食材的鹹可麗餅「Galette bretonne」同樣名稱。
對喜歡甜點的人來說或許感到驚訝，但提到「Galette bretonne」
會直接聯想到「布列塔尼酥餅（Galette bretonne）」的歐洲人並不多。
也就是說，當歐洲人聽到「Galette bretonne」時，
腦中最先浮現的是「蕎麥粉薄餅製作的鹹可麗餅」。
「布列塔尼風的薄餅」其實包含2種完全不同的食物（每一種都很美味！），
但有著相同名稱著實令人感到相當困擾。
一般最常見的「蕎麥粉鹹可麗餅」是薄餅裡包火腿、起司和煎蛋。
然而每家店各有各的特色，也有佐鮭魚、奶油起司、蔬菜、松露等食材的店家。
我個人偏好搭配乾燥番茄的類型。
蕎麥粉鹹可麗餅本身沒有鹹味，
所以添加乾燥番茄可以適度帶出鹹味，讓整體風味更鮮美。
至於在日本呢，我想提到「Galette bretonne」時，
大家腦中應該都浮現布列塔尼酥餅吧，您說是不是呢？

no.05

Florentins

佛羅倫提焦糖餅

濃郁的堅果芳香搭配純手工製作的焦糖牛軋糖，一款充滿酥脆口感的餅乾。
這次為大家介紹的佛羅倫提焦糖餅，將會是一道令人引以為傲的甜點。
雖然外觀看似困難，但筆者會逐步仔細解說，
請大家務必試著挑戰看看。
焦糖的溫潤甜味也非常適合搭配咖啡。

所需時間
2小時30分鐘 ＋30分鐘發酵

材料《4cm×4cm約25個分量》

◆餅乾麵團

A
- 中筋麵粉 ••• 170g
- 糖粉 ••• 70g
- 杏仁粉 ••• 30g
- 香草莢（只使用香草籽）••• 1/4枝

無鹽奶油 ••• 120g
蛋黃 ••• 1顆
手粉（高筋麵粉）••• 適量

◆焦糖杏仁

杏仁片 ••• 70g

B
- 精白砂糖 ••• 60g
- 鮮奶油（35%）••• 40g
- 無鹽奶油 ••• 40g
- 蜂蜜 ••• 20g
- 水飴 ••• 20g

準備

- 過篩糖粉，去除結塊〔a〕。
- 奶油切成骰子狀，置於冷藏室裡冷卻備用〔b〕。
- 配合模具大小（21cm×21cm）裁切烘焙紙，並事先摺好備用〔c〕〔d〕。
- 烤箱預熱至150度C備用（用於烤焙餅乾。於步驟7開始預熱最為理想）。
- 烤箱預熱至150度C備用（用於烘烤杏仁片。於步驟13開始之前預熱最為理想）。
- 烤箱預熱至170度C備用（用於收尾部分的烤焙。於步驟16開始預熱最為理想）。

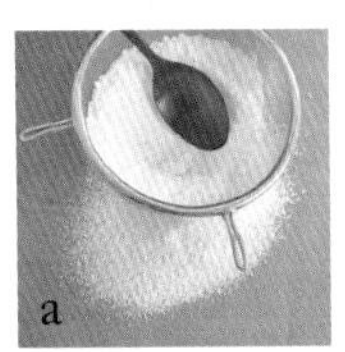
a

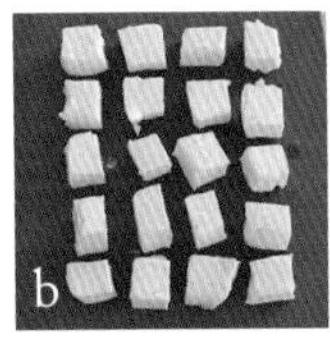
b

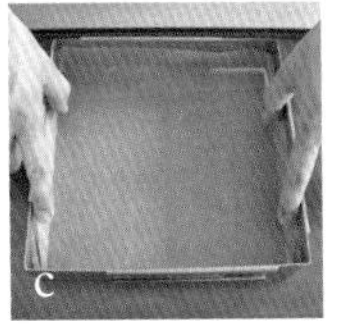
c

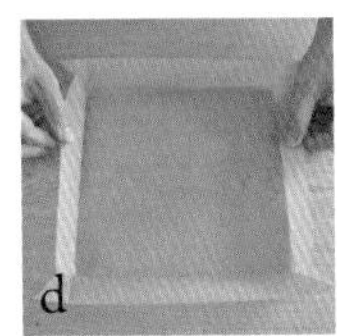
d

step 1 製作餅乾麵團

1

A材料倒入食物調理機中確實混合均勻。

關於香草莢

先用菜刀對半剖開香草莢，從頭部刮到尾部取出香草籽。取完香草籽的香草莢可用於製作蛋塔（P.64）和悲慘世界蛋糕（P.88）。

2

倒入無鹽奶油，將整體攪拌至呈細片狀。這時還殘留一些粉狀顆粒也沒關係。

3

將蛋黃倒入2裡面。

4

使用食物調理機混合均勻。

5

取出4置於砧板上，用手揉和至成團。

6

用保鮮膜包覆5，再以擀麵棍延展成同一厚度。置於冷藏室裡至少發酵30分鐘以上。

step 2 烤焙

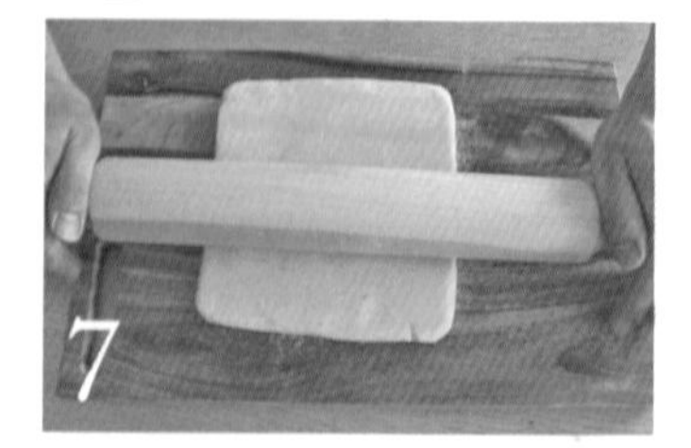

砧板上撒手粉，以擀麵棍將6延展成21cm×21cm大小，而且厚度一致。開始預熱烤箱至150度C。

延展麵團的重點

以尺做為參考線，將麵團延展整理成漂亮的四方形，感覺有困難時，可以先延展得大一些，然後再裁切成21cm×21cm大小。另外，麵團太軟容易造成變形，可以暫時先放入冷凍庫中變硬。另外，在砧板上多撒些手粉，方便之後容易取下麵團。

將事先準備好的烘焙紙鋪在烤盤上，再將7擺在烘焙紙上。

如果家裡有能夠伸縮的方形模具，使用起來會更加方便。但沒有的話，也可以使用耐高溫容器並鋪上烘焙紙取代。在這種情況下，請配合模具大小延展麵團。

用叉子在麵團表面戳洞。

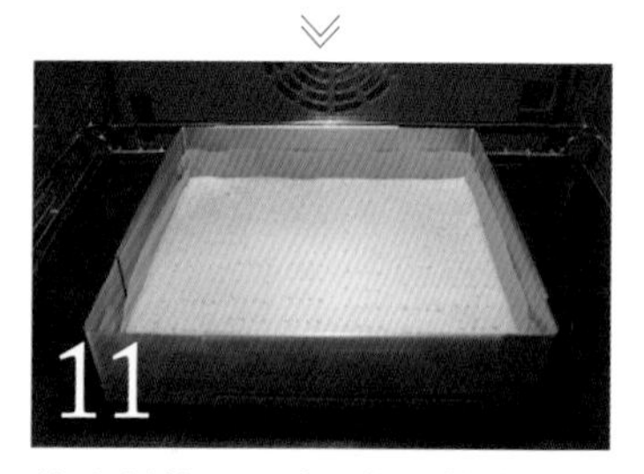

放入預熱150度C的烤箱中烤焙25分鐘左右。若要烤色均勻，請在大約15分鐘時將烤盤前後對調，然後繼續烤焙10分鐘。

出爐後置涼備用。

step 3 製作焦糖杏仁

13

進行這個步驟之前，先預熱烤箱至150度C。將杏仁片鋪在烤盤上，烘焙10分鐘左右。稍微呈現豆皮色時，即可置涼備用。

將B材料放入鍋裡，以中火熬煮。用木鏟輕輕攪拌至溶解。

step 4 收尾

用木鏟充分攪拌均勻，溫度達108度～110度C時即可關火。

讓焦糖充分溶解

為避免沾鍋，充分攪拌是重要關鍵。攪拌才能使焦糖乳化均勻。

將13倒入鍋裡，充分攪拌混合在一起。開始預熱烤箱至170度C。

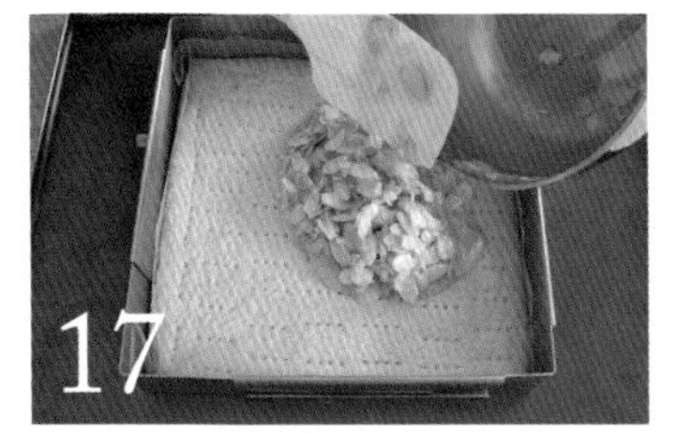

將16的焦糖杏仁均勻鋪在12上面。

與時間賽跑的焦糖！

溫度降低會使焦糖變硬，導致杏仁片難以鋪滿整個平面。盡量趁熱迅速鋪平。

放入預熱170度C的烤箱烤焙15分鐘左右。然後將烤盤前後對調，設定160度C再繼續烤焙8～10分鐘。

烤焙依據

以焦糖杏仁開始上色，大氣泡慢慢變成小氣泡為依據。烤焙過度恐導致焦糖變得太硬。

出爐後置涼備用。

趁焦糖微溫時，將四邊各切掉5mm，接著切成4cm×4cm大小的方塊。請特別留意，完全置涼後才切塊的話，焦糖容易破裂。

no.06

Meringue

酥鬆香脆
一口蛋白霜

消耗蛋白的最佳食譜一蛋白霜。
既擁有可愛的外觀，製作起來又不費功夫。
一口蛋白霜絕對是下午茶時間的最佳選擇！

所需時間
3小時

材料《約100～120個分量》

蛋白 ••• 60g
檸檬汁 ••• 1.5g（茶匙1/2匙）
精白砂糖 ••• 60g
糖粉 ••• 60g
果乾（木瓜等）••• 依個人喜好添加

準備

• 烤箱預熱至80度C備用（於步驟5開始預熱最為理想）。

將蛋白與檸檬汁混合均勻。

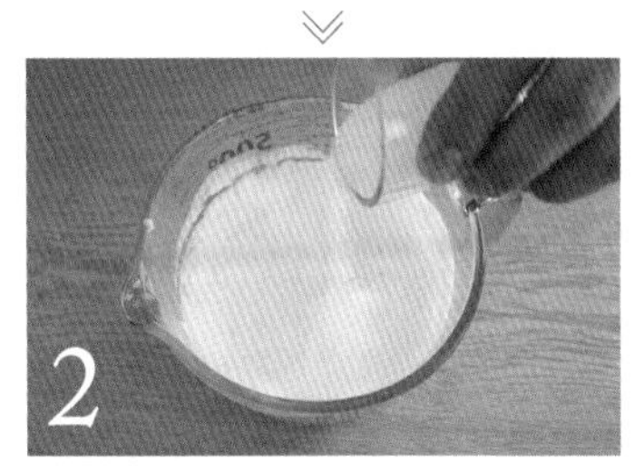

使用電動打蛋器打發**1**，並將精白砂糖分5次添加。

打發至蛋白尖角直立。

將糖粉撒在**3**上面。

粗略混合一下。開始預熱烤箱至80度C。

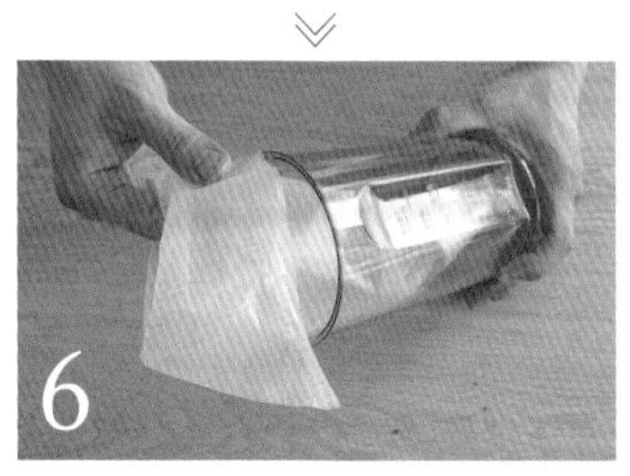

將喜歡的花嘴裝在擠花袋上，並填入**5**。

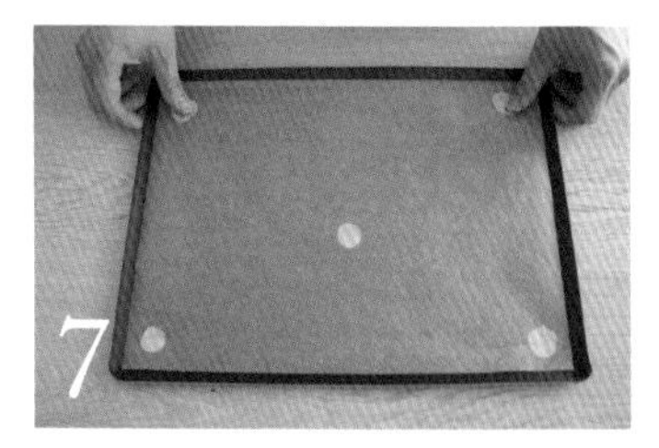

烤盤上鋪烘焙紙。四個邊角擠一些蛋白霜作為黏著劑使用，這樣烘焙紙比較不容易隨意滑動。

擠出一顆顆約一口大小的蛋白霜。體積愈小，蛋白霜內層愈容易烤熟烤脆。

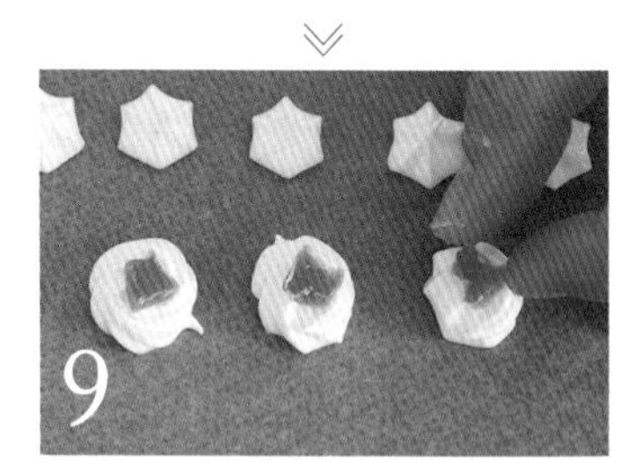

依個人喜好擺放果乾（這次使用木瓜果乾）。先將果乾切小片再擺放蛋白霜上，增加色香味。

放入預熱80度C的烤箱烤焙2個小時左右。內層乾燥酥脆即完成。蛋白霜體積較大時，則視情況延長烤焙時間。

no.07

Leaf pie

葉子派

一般而言，法式派皮麵團的製作過程中
必須將奶油包在麵團裡面，
難度相對較高，但這次為大家介紹使用「速成法式派皮麵團」
（法式派皮麵團中難易度最低的製作方式）製作的葉子派，
訣竅在於迅速、粗略、大膽地作業。

所需時間
2小時40分鐘 ＋1天又6小時冷

材料《長6cm×寬4.5cm壓模約30個分量》

A｜有鹽奶油 ••• 180g
｜高筋麵粉 ••• 120g
｜低筋麵粉 ••• 120g

冷水 ••• 115g（110～120g）
※所需水分依季節、麵粉濕度、環境進行微調

手粉（高筋麵粉）••• 適量

精白砂糖 ••• 適量

準備

• 所有用於製作麵團的麵粉，於作業前放在冷凍庫冷卻1個小時以上（為了避免奶油融化）。

• 所需用水也於作業前1小時放在冷藏室裡備用。

• 奶油切成2cm立方骰子狀，於作業前30分鐘左右時放在冷凍庫裡備用。

• 盡可能速戰速決，不要過於計較小細節，以「差不多就好」的心態去挑戰（但注意厚度還是要一致）。

• 揉和麵團時，請在大一點的工作檯上作業。

• 烤箱預熱至180度C備用（於步驟18開始預熱最為理想）。

step1 製作派皮麵團

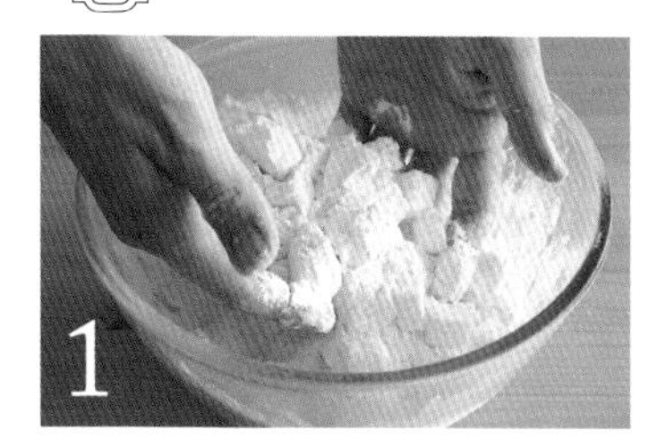

A材料倒入攪拌盆中，好比用麵粉覆蓋有鹽奶油般以雙手將材料大致混合在一起。

以繞圈方式將冷水倒入1裡面。使用刮板大幅度攪拌至沒有粉狀感。殘留塊狀奶油也沒關係。

將2移至工作檯上並揉和成團。殘留部分塊狀奶油也沒關係。

用保鮮膜包覆3，以擀麵棍輕輕擀平並整理成四方形（約16cm平方）。擀麵棍平行於工作檯，這樣才能延展成勻稱的四方形。放入冷藏室1天備用。

step2 延展派皮麵團

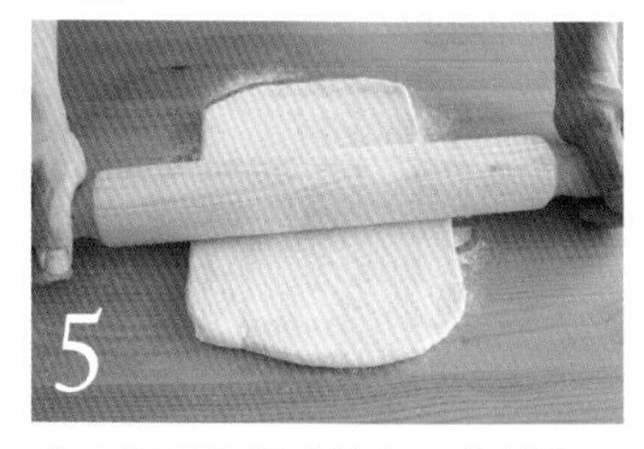

將4移至撒好手粉的工作檯上，以擀麵棍延展至長度變3倍長。適度撒上手粉。

處理派皮麵團之前…

摺疊麵團費時費力，為了避免失敗，訣竅在於千萬不要著急。作業中麵團變軟時，先暫時置於冷藏室讓麵團再次變硬。室溫低一些（20度C左右）有利於作業更加順暢。想像施力於非慣用手，才能讓兩手的力道均勻些。

將5的麵團摺成三褶。每個角落確實摺疊，這樣派皮表層才會均勻不斑駁。手粉殘留於麵團表面不利於摺疊，請先用手稍微撥除。

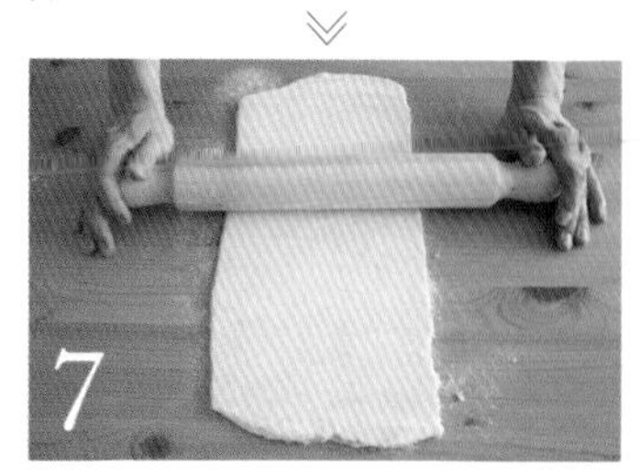

將6的麵團旋轉90度，再次撒上手粉並以擀麵棍延展至長度變3倍長。

將7的麵團摺成三褶。

用保鮮膜包覆8，置於冷藏室冷卻約1個小時。

重複5～9的步驟2次（摺成3褶×2次，全部共進行3次）。

將10移至撒好手粉的工作檯上。適度撒上手粉並以擀麵棍延展至厚度3mm左右。

用披薩輪刀將11切割成2等分，製作2片派皮。

在砧板上鋪保鮮膜，將2片12的派皮疊在上面。

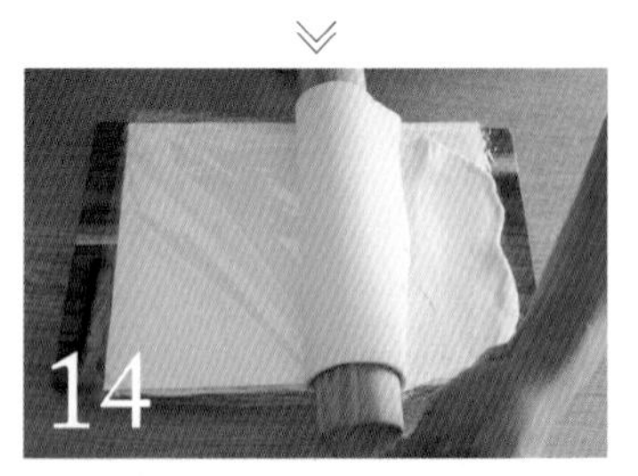

以保鮮膜→派皮→保鮮膜→烘焙紙→保鮮膜→派皮→保鮮膜的順序疊在一起。置於冷凍庫中3個小時左右，讓派皮確實變硬。

烤焙

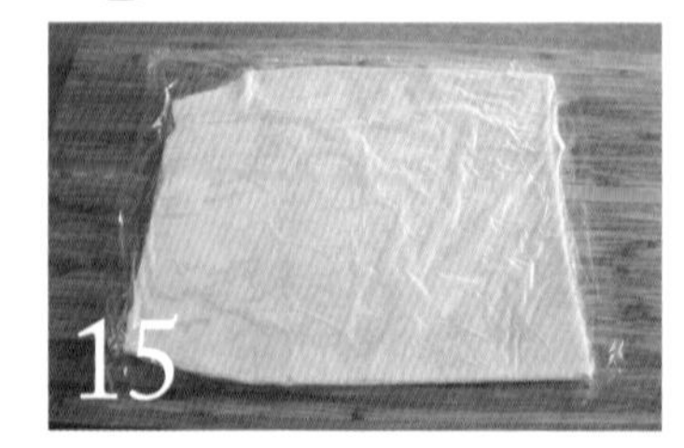

作業前30分鐘將派皮移至冷藏室稍微解凍備用。

用喜歡的模具壓模。不需要移除派皮下方的保鮮膜，這樣才方便之後的脫模作業。

派皮的壓模作業

烤焙派皮時，派皮會往延展方向收縮，所以壓模時，請先仔細觀察手邊的模具，想像一下可能會收縮的方向。

剩餘派皮可用於製作蛋塔（P.64），先用保鮮膜包覆並置於冷凍庫裡保存。

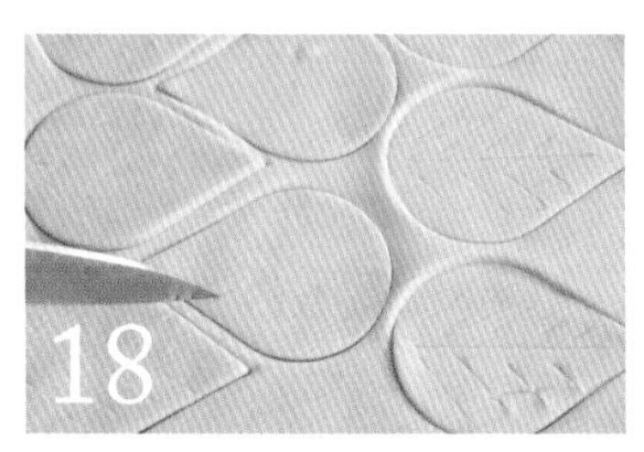

用菜刀在派皮表面畫葉脈。派皮厚度約3mm，所以葉脈深度差不多1mm。開始預熱烤箱至180度C。

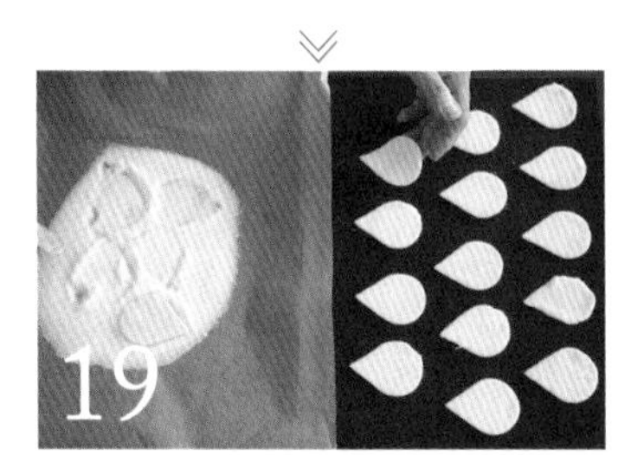

撒些精白砂糖在烘焙紙上，將畫有葉脈的那一面沾附精白砂糖。然後整齊排列於鋪有烘焙墊的烤盤上。

麵團變軟時…

麵團變軟，不容易成型時，請先置於冷凍庫中5分鐘左右，稍微變硬後再繼續作業。

放入預熱180度C的烤箱中烤焙10分鐘左右，於派皮上方擺放一片烤網，並將烤盤前後對調後再烤焙8分鐘左右，然後拿掉烤網再烤焙5分鐘左右。

膨脹訣竅

膨脹至某個程度後，於派皮上方擺放一片烤網。一開始就擺放烤網會造成派皮難以膨脹，但不擺放烤網又會導致膨脹過度，所以最理想的方法是烤焙過程中適時擺入烤網。

出爐後就完成了。

Mini Column

比利時的下午茶時間

咖啡的

最佳搭檔餅乾！

在比利時咖啡館裡點杯咖啡，端上桌時肯定隨附一塊餅乾。有時只是一片普通的餅乾，但有時咖啡盤上會擺放一塊舉世聞名的蓮花薄脆餅。就算在麥當勞點杯咖啡，通常也會隨附一塊餅乾，貼心地希望大家搭配咖啡一起享用。但相反的，高級餐廳則不希望客人同時享用咖啡與甜點。為了不妨礙甜點的纖細美味，餐廳往往建議享用完甜點後再品嚐咖啡，藉由咖啡沖淡口中殘留的甜味，重新找回原本的味覺。

享受手工烘焙樂趣的訣竅

活用派皮麵團，口感酥脆的蝴蝶酥

「Palmier」法文的意思是「椰子」，由於形狀類似椰子葉，所以這款餅乾的名字就叫做「Palmier」（但我們一般都將Palmier翻譯成「蝴蝶酥」）。現在讓我們活用派皮麵團來製作看似蝴蝶的「蝴蝶酥（Palmier）」吧。

所需時間
2小時40分鐘 ＋ 1小時冷卻

材料《一片派皮長3.5cm×寬5.5cm，約23個分量》

葉子派（P.36）的派皮麵團 ••• 1片
精白砂糖 ••• 適量

準備

• 烤箱預熱至180度C備用（於步驟8開始之前預熱最為理想）。

用毛刷在派皮上塗刷少量的水（分量外）。動作務必輕柔！

注意勿塗刷過量的水

塗刷太多水會變成糖漿滲出。解凍時若表面呈潮濕狀態，則不需要再另外抹水。派皮乾燥或粉類太多時，則用毛刷塗刷一些水。

整體撒滿精白砂糖。

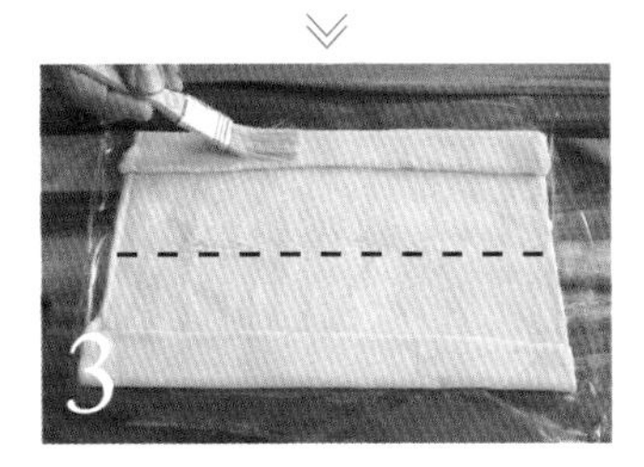

在2派皮的中間線做記號，然後由對向的兩側各往中間線摺三褶。先從兩端各摺一褶，然後用毛刷快速塗刷一些水（分量外）。

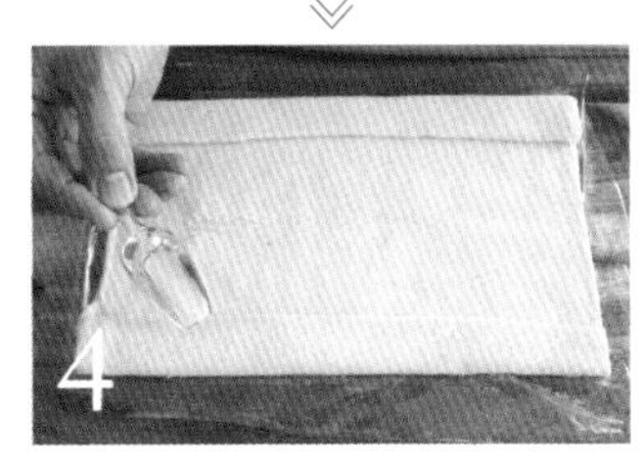

在3刷水的那一面撒上精白砂糖。

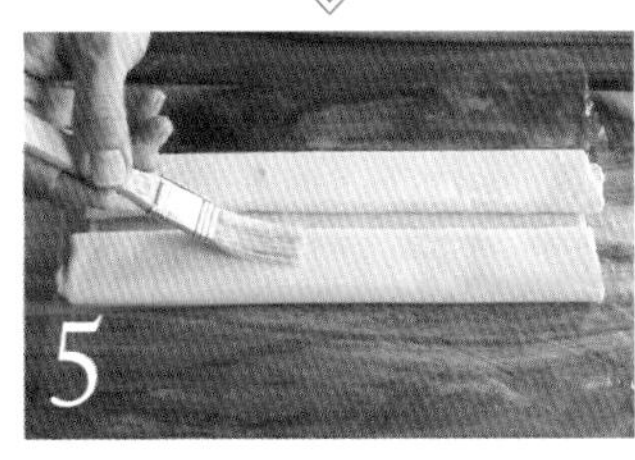

接著再朝中間線各摺一褶，同樣快速塗刷一些水（分量外）並撒上精白砂糖。

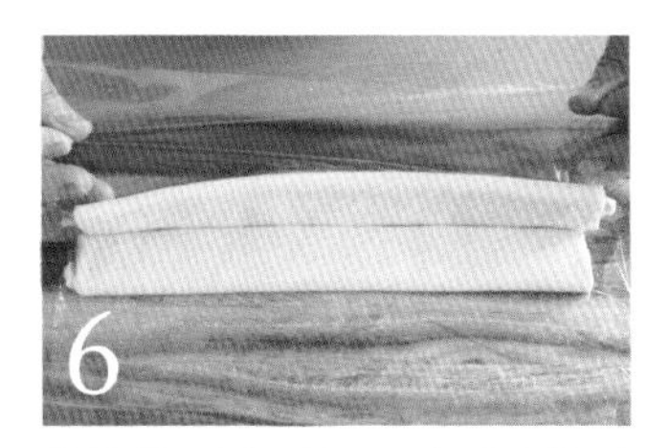

然後將兩邊對摺，讓兩邊的派皮貼合在一起。

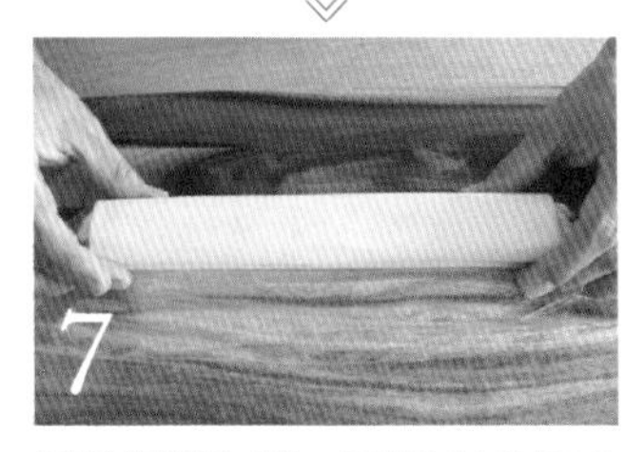

用保鮮膜包覆，置於冷凍庫30分鐘～1個小時。注意勿過度冷凍，派皮太硬可能難以切割。

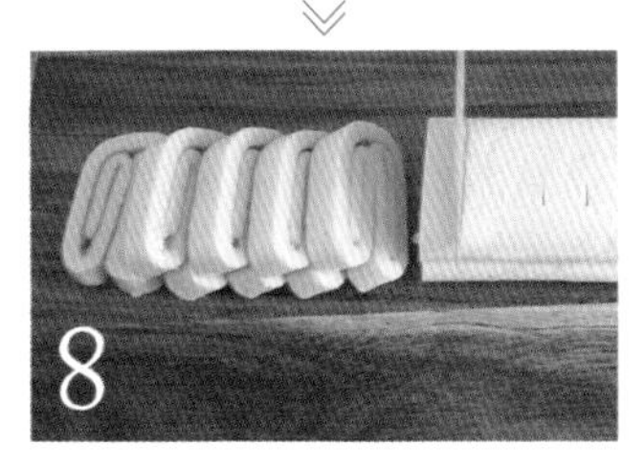

進行步驟8之前，先預熱烤箱至180度C。將7分割成1cm厚度。

中間稍微留些縫隙

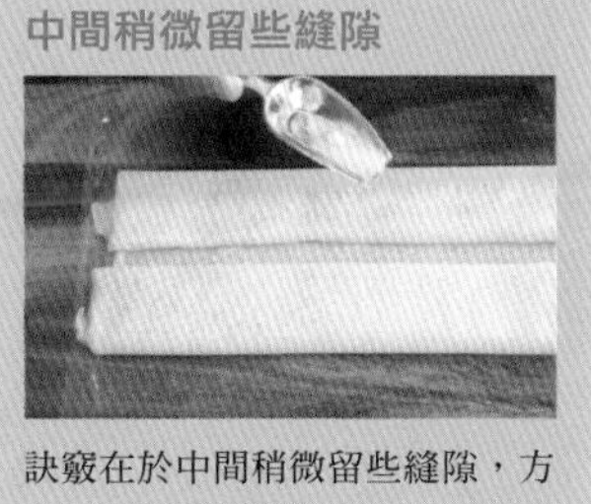

訣竅在於中間稍微留些縫隙，方便最後的對摺作業。

在分割剖面上撒精白砂糖，排列於鋪有烘焙紙的烤盤上。

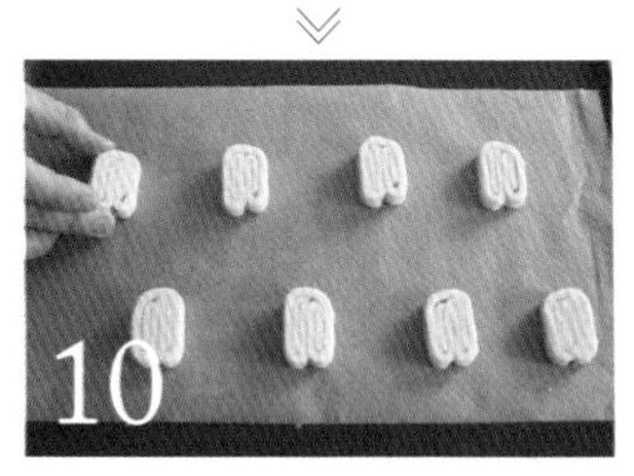

為了烤出漂亮的蝴蝶形狀，建議使用滑動性較好的烘焙紙。由於烘焙墊的滑動性差，烘焙過程中無法順利膨脹成漂亮的蝴蝶形狀。

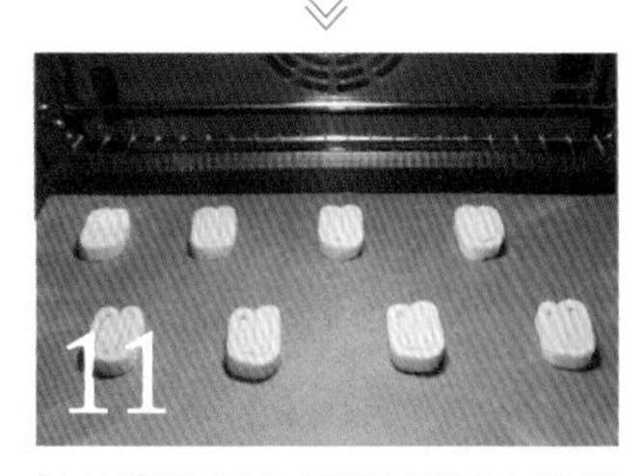

放入預熱180度C的烤箱中烘焙20分鐘。

順利膨脹成漂亮的蝴蝶形狀，出爐後即完成。

將餅乾填裝至罐子裡時，不要勉強塞到滿，
稍微預留一些縫隙。突顯各種餅乾的個性，
打造時尚氣質感。另外，額外製作小尺寸的
蛋白霜，也可以作為點綴之用。

Column 1

關於比利時的故事

惜物愛物的比利時人

說到比利時人每個週末最大的樂趣，當然非「Brokante（二手）」莫屬。Brokante即所謂的跳蚤市場，從居家的家庭用品到專業經銷商的古董、藝術品應有盡有，並且定期於比利時各地巡迴舉辦。其實內行人都知道，比利時是有名的「二手王國」。這是因為比利時人「惜物愛物」的觀念非常強烈，東西絕對不隨便丟棄，盡量留給下一位有需要的人。

時尚餐盤、西方餐具、畫框、家具、燭台、時鐘、枝形吊燈……。在跳蚤市場裡，要什麼有什麼，期待挖到寶，卻也非常好奇究竟會有什麼人來買這些東西……。市場裡不乏一些家裡根本用不到的物品。對了對了，有時也可以在跳蚤市場裡找到P.15中介紹的比利時傳統甜點「焦糖餅」的烤模。沒有目標，隨性閒逛也不錯，但我個人覺得有個大致目標再前往挑選比較好。愈大規模的跳蚤市場，甚至可能挖到古董。所以，像是先大致設定「今天把重點擺在餐具！」的目標，然後再前往跳蚤市場，相信這樣會更容易發現自己鎖定的目標。將這個方法推薦給所有跳蚤市場新手。

逛跳蚤市場的另外一個樂趣是能夠與各個賣家進行交流。比利時有三種官方語言，處處可以聽到英語、法語、荷蘭語互相交雜。

每週日固定於通厄倫（Tongeren）舉辦的跳蚤市場。老字號品牌Boch的花卉餐具相當受到大家喜愛。

雖然跳蚤市場裡的賣家看起來有些可怕（我個人這麼認為），但用日文交談也行，用肢體語言和手機交談也沒問題，他們其實比想像中來得親切。多數人會侃侃而談商品的年代、材質、來自哪個國家、有多麼珍貴等等，和當地人聊天是一件十分愉快的事。

至於價錢方面，當商品定價和自己預期差距太大時，或許可以試著向他們表達「我可能只付得起這麼多……」。不過話說回來，愈是在大規模跳蚤市場裡設攤的賣家，通常對自己的商品引以為傲，可能不會輕易降價。遇到這種情況時，建議不要當場決定，先到咖啡館坐坐，稍微思考一下。

但逛跳蚤市場難免需要碰運氣，可能下次「我決定要買了！」而再次造訪時已經不復存在。自己喜歡的東西，別人可能也已經看上眼。悠閒漫步是一種樂趣，但有機會來到比利時，務必造訪一下各地的跳蚤市場。

1年只舉辦3次，位於布魯日（Brugge）的跳蚤市場。右下方照片為金屬巧克力模具。在塑膠製模具問世之前，都是使用這種金屬材質的模具製作巧克力。

Chapter 2

容易製作的
基本款常溫甜點

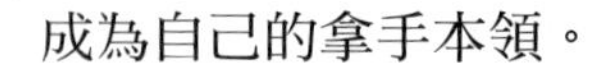

費南雪金磚蛋糕、瑪德蓮小蛋糕等「基本款常溫甜點」看似簡單，

卻是一種讓人意猶未盡的特別糕點。

我們特別為常溫甜點愛好者蒐集各種

「特別珍藏的常溫甜點食譜」。

請務必讓好吃又嘶嘴的「基本款常溫甜點」

成為自己的拿手本領。

no.08

Madeleine

瑪德蓮小蛋糕

瑪德蓮小蛋糕是一種傳統又典型的貝殼形狀常溫甜點。
在日本也算是基本款常溫甜點的其中一種，
但這次除了基本原味，
還另外介紹焙茶、巧克力2種口味。

所需時間
1小時20分鐘 ＋ 3小時發酵

材料《長8cm×寬5.5cm
約15個瑪德蓮模分量》

〔3種口味共通點〕
無鹽奶油 ••• 100g
蛋 ••• 2顆
無鹽奶油（模具用）••• 適量
高筋麵粉（模具用）••• 適量

〔原味（香草）〕
A
精白砂糖 ••• 100g
低筋麵粉 ••• 50g
杏仁粉 ••• 45g
高筋麵粉 ••• 10g
發粉 ••• 2g
香草莢（只使用香草籽）••• 1/2枝

〔焙茶口味〕
A
精白砂糖 ••• 100g
低筋麵粉 ••• 50g
杏仁粉 ••• 45g
高筋麵粉 ••• 10g
焙茶茶葉 ••• 8g
發粉 ••• 2g

〔巧克力口味〕
A
精白砂糖 ••• 100g
杏仁粉 ••• 45g
低筋麵粉 ••• 40g
可可粉 ••• 15g
高筋麵粉 ••• 8g
發粉 ••• 2g

準備

• 沒有食物調理機的情況下，可以使用打蛋器，但注意勿攪拌過度。使用打蛋器的情況下，事先也將蛋拌勻備用。

• 製作原味、焙茶、巧克力口味的方法都一樣。以step1～2製作原味的方法為基礎。製作原味時，先用菜刀對半剖開香草莢，從頭部刮至尾部取出香草籽，加入A材料裡面〔a〕。製作焙茶口味時，使用研磨機將焙茶茶葉磨成粉末，加入A材料裡面〔b〕。沒有研磨機時，使用菜刀盡量將茶葉切細碎。茶葉葉片過大會影響口感。切得愈細碎，味道和香氣愈濃郁。

• 烤箱預熱至180度C備用（於步驟8開始預熱最為理想）。

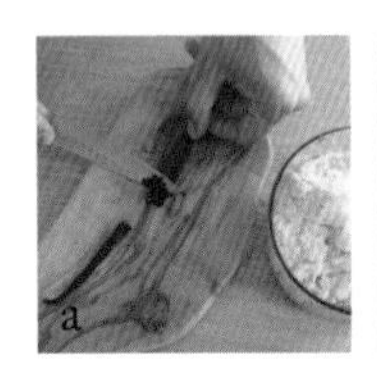
a

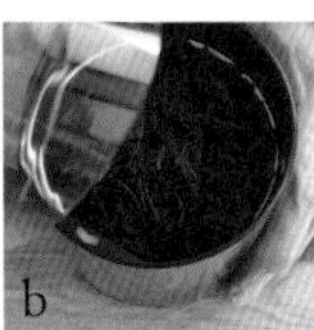
b

step 1 製作麵團

1

建議使用隔水加熱方式融化無鹽奶油。若要使用微波爐，容易四處飛濺，建議先蓋上保鮮膜，以500W加熱20秒，然後視情況每次增加20秒。

2

A材料倒入食物調理機中確實混合均勻。

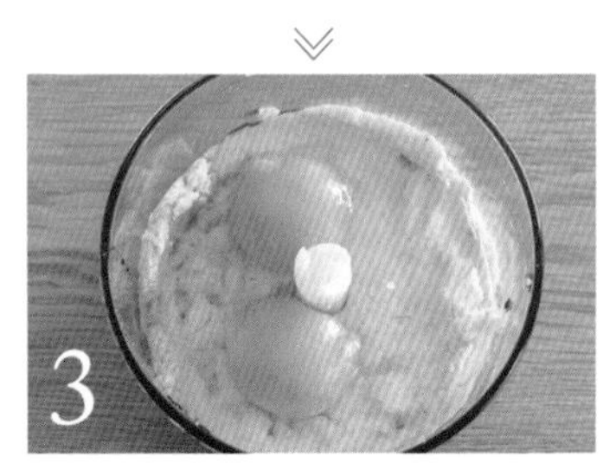
3

將蛋倒入2裡面，整體混合均勻。

4

攪拌過程中打開蓋子，以橡皮刮刀刮下沾黏於四周的麵粉（避免造成斑駁不均勻）。再次以食物調理機混合均勻。

step 2 烤焙

將**1**的無鹽奶油倒入**4**裡面，整體混合均勻。

攪拌過程中打開蓋子，以橡皮刮刀刮下沾黏於四周的麵粉（避免造成斑駁不均勻）。再次以食物調理機混合均勻。

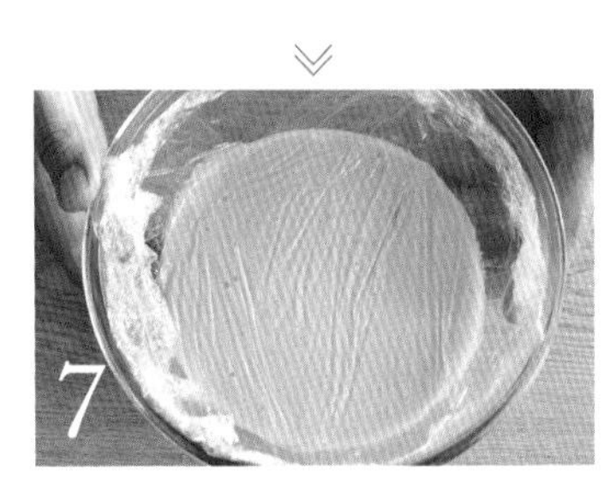

將**6**移至攪拌盆中，蓋上保鮮膜密封並靜置發酵3個小時左右。冬季置於室溫下，夏季置於冷藏室。

進行step2之前…

自冷藏室取出麵團後，由於太硬不容易成型，因此進入烤焙步驟的30分鐘～1小時前先取出並置於室溫下退冰。

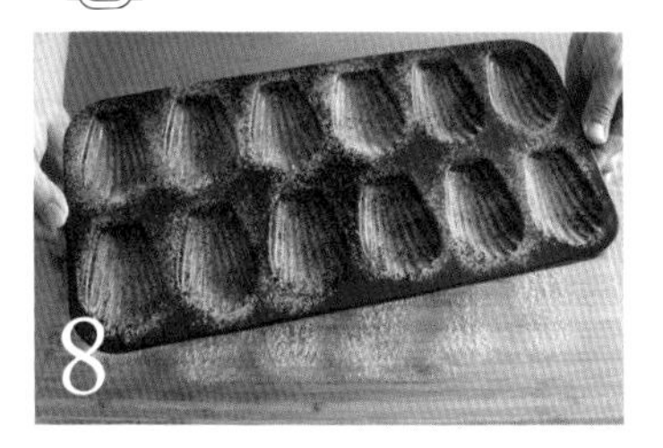

開始預熱烤箱至180度C。於烤模（鐵氟龍塗層）內側塗刷薄薄一層無鹽奶油，整體撒上薄薄一層高筋麵粉。將撒好麵粉的烤模顛倒過來，倒出多餘的麵粉備用。

將**7**填入擠花袋中，依序擠入烤模中，約8分滿就好。

放入預熱180度C的烤箱中烤焙12～14分鐘。

出爐後立刻用竹籤脫模（若不立即脫模，蛋糕會因為收縮而變硬）。使用隔熱手套將烤模顛倒過來有助於快速脫模，但務必小心燙傷。

Mini Column

比利時的下午茶時間

休息一下 熱巧克力（Chocolat chaud）

說起比利時，我想大部分的人多半有「巧克力大國」的印象。而這個印象一點也沒錯，幾乎所有咖啡館的菜單中都有熱巧克力（chocolat chaud）這項飲品。不少人入夜後想減少咖啡因攝取量，因此熱巧克力便成為非常搶手的飲料。進入冬季後，有些巧克力專賣店還會提供熱巧克力飲料外帶服務。

no.09

Financier

費南雪金磚蛋糕

咬下的瞬間，充滿焦香的奶油味在口中散開。
法文「Financier」的意思是「金融家」，
又因長條狀的外型，另外有金磚蛋糕的稱呼。
烤焙後剛出爐時，外酥內鬆，但靜置一晚後，
口感會轉為濕潤綿密。

所需時間
1小時50分鐘 ＋3小時發酵

材料《長9.5cm×寬4.5cm
約12個費南雪模分量》

〔原味〕
無鹽奶油 ••• 110g
蛋白 ••• 130g
精白砂糖 ••• 130g
杏仁粉 ••• 50g
低筋麵粉 ••• 50g
發粉 ••• 2.5g
無鹽奶油（模具用）••• 適量

〔紅茶口味〕
無鹽奶油 ••• 110g
蛋白 ••• 130g
精白砂糖 ••• 130g
杏仁粉 ••• 50g
低筋麵粉 ••• 50g
發粉 ••• 2.5g
紅茶茶葉（格雷伯爵茶）••• 8g
無鹽奶油（模具用）••• 適量

準備

• 將蛋白退冰至室溫備用（蛋白太冰會導致奶油變硬，麵團太黏容易產生氣泡）。
• 製作原味和紅茶口味的方法都一樣。以step1～3製作原味的方法為基礎。製作紅茶口味時，使用研磨機將紅茶茶葉磨成粉末，於低筋麵粉和發粉混合均勻後再倒入茶葉細粉〔a〕。
• 使用菜刀切碎茶葉也OK，但注意茶葉葉片過大恐影響口感，盡可能切得愈細碎愈好。
• 烤箱預熱至170度C備用（於步驟13開始預熱最為理想）。

a

step 1 製作焦化奶油

1
鍋裡放入無鹽奶油，以中火加熱，製作焦化奶油。

注意奶油四處飛濺

加熱過程中奶油可能突然飛濺，務必讓臉部和鍋子保持一定距離。也建議在鍋裡鋪層網罩，多少可以避免奶油飛濺（無法完全避免，務必多加留意）。

2
奶油融化後開始冒泡。氣泡慢慢變小，變穩定。

3
氣泡完全穩定後，代表焦香奶油製作完成。

4
攪拌盆裝水，將3的鍋底置於水中5秒左右。目的是不要讓奶油持續焦化。

5
除去4的燒焦部位，蓋上毛巾冷卻備用。

step 2 製作麵團

6

蛋白倒入食物調理機中，「每次轉動2秒後停下」，共重複5次，確實攪拌至沒有蛋筋的程度。

製作費南雪金磚蛋糕時，注意勿攪拌過度！

製作費南雪金磚蛋糕的訣竅在於攪拌時盡量不要讓麵團裡產生氣泡。使用食物調理機混合材料，重覆「每次轉動2秒後停下」也是為了避免攪拌過度。家裡沒有食物調理機時，可以使用打蛋器取代，但同樣注意勿攪拌過度。

7

在**6**裡面加入精白砂糖、杏仁粉後，同樣「每次轉動2秒後停下」，共重複5次。

8

在**7**裡面加入低筋麵粉和發粉，同樣「每次轉動2秒後停下」，共重複5次。製作紅茶口味時，在這個步驟中加入茶葉。

9

以橡皮刮刀刮下沾黏於四周的麵粉，再次以食物調理機混合均勻，同樣「每次轉動2秒後停下」，共重複5次，直到整體如圖片所示的狀態。

10

確認**5**的溫度下降至人體肌膚的溫度。

11

將**9**加入冷卻後的**10**裡面，同樣「每次轉動2秒後停下」，共重複5次。

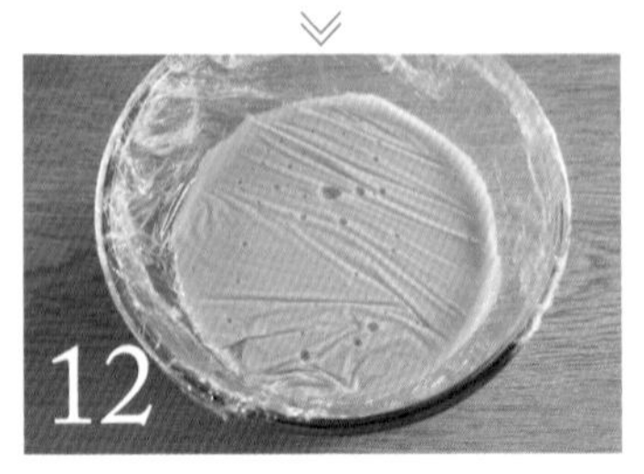
12

以保鮮膜覆蓋密封**11**，靜置發酵3個小時左右。冬季置於室溫下，夏季置於冷藏室。

進入step3之前…

自冷藏室取出麵團後，由於太硬不容易成型，請於進入烤焙步驟的30分鐘～1小時前先取出並置於室溫下退冰。

step 3 烤焙

開始預熱烤箱至170度C。於烤模（鐵製矽氧樹脂加工）內側塗刷薄薄一層無鹽奶油。

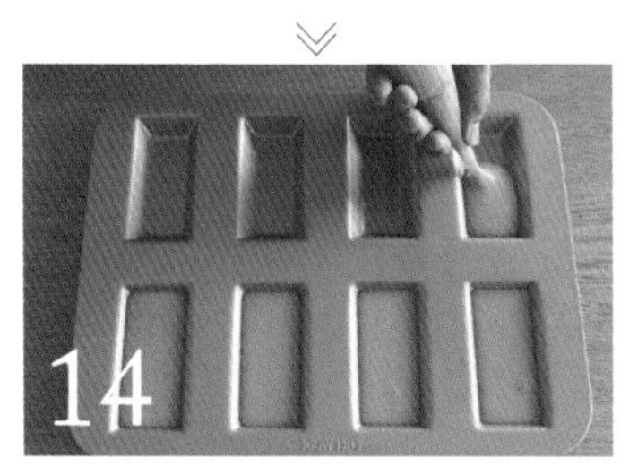

將12依序擠入烤模中，約8分滿就好。無法一次全數烤焙完成的情況下，將麵團置於常溫下備用，待第一批烤焙結束且烤模冷卻後再進行第二批麵團的烤焙作業。

放入預熱170度C的烤箱中烤焙20分鐘左右（約15分鐘時，將烤盤前後對調，再繼續烤焙5分鐘）。

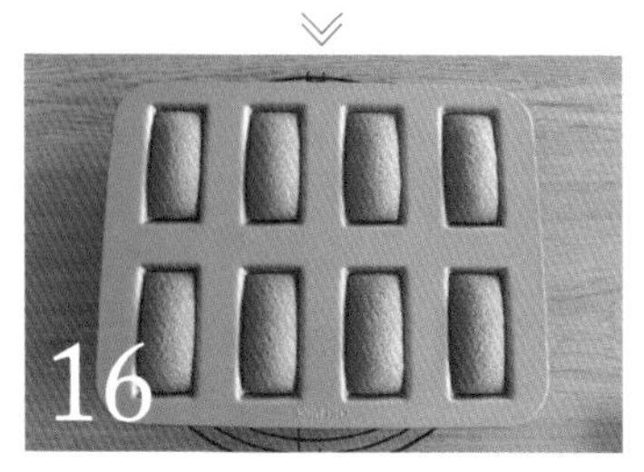

進行脫模作業時小心不要燙傷，靜置冷卻後就完成了。

Mini Column
比利時的下午茶時間

飯後解油膩
來杯濃縮咖啡

多數人或許有苦味強烈的濃縮咖啡適合早上提神醒腦用的印象，而義大利人確實也都這麼做。但我發現比利時人多半在餐後飲用濃縮咖啡。飯後來杯濃縮咖啡能有效解口中油膩。在餐廳喝咖啡時，服務生通常會詢問單份或雙份濃縮咖啡，而雖然咖啡很濃，但多數人會一飲而盡。據說有些人餐後只喝濃縮咖啡以取代甜點。

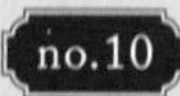

no.10

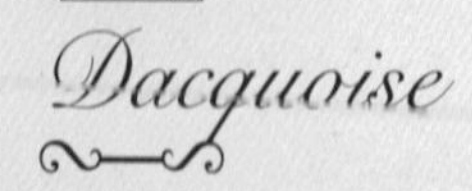

Dacquoise

達克瓦茲杏仁蛋白餅

使用充滿杏仁香氣與滋味的蛋白麵團
所製作的達克瓦茲。
一般常使用烤模調整形狀，
但這裡改以擠花方式擠成可愛的球狀，
再內夾純手工製作的焦糖杏仁，
打造獨一無二的絕佳色香味！

所需時間
3小時35分鐘 ＋ 1小時冷卻

材料《直徑約4cm約30個分量》

◆焦糖杏仁泥
（也可以使用市售焦糖杏仁泥）
杏仁 ••• 150g
精白砂糖 ••• 75g
鹽 ••• 1小撮

◆焦糖杏仁奶油
水 ••• 15g
精白砂糖 ••• 65g
蛋白 ••• 30g
無鹽奶油 ••• 200g
焦糖杏仁泥 ••• 200g
（以上述材料製作的所有分量。或者市售的焦糖杏仁泥）

◆達克瓦茲杏仁蛋白餅麵團
A | 杏仁粉 ••• 130g
糖粉 ••• 80g
低筋麵粉 ••• 35g
蛋白 ••• 160g
精白砂糖 ••• 50g

◆收尾
糖粉 ••• 適量

準備

• 盡量整批全數烤焙完。若必須分2批烤焙，建議在第一批烤焙期間備好成型的麵團，並於第一批出爐時立即放入第二批烤焙。
• 蛋白置於冷藏室裡冷卻備用〔a〕。
• 製作焦糖杏仁奶油之前，先將奶油切薄片，置於室溫下軟化至手指按壓會留下痕跡的程度（太軟也不好，以手指能夠揉捏的程度為依據）〔b〕。
• 烤箱預熱至150度C備用（用於烘烤杏仁。於步驟1開始之前預熱最為理想）。
• 烤箱預熱至190度C備用（用於烤焙達克瓦茲杏仁蛋白餅麵團。於步驟24開始預熱最為理想）。

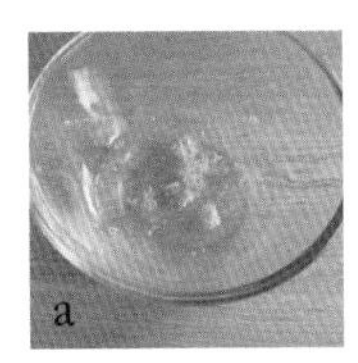

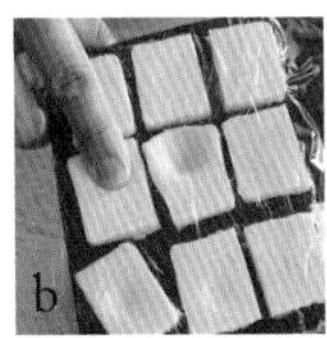

step 1 製作焦糖杏仁泥

開始作業之前先預熱烤箱至150度C。將杏仁鋪在烤盤上，烘烤約20分鐘讓杏仁充滿香氣。

放在烤箱中保溫

烘烤好的杏仁持續放在烤箱中，但記得關掉電源並稍微開啟烤箱門（適度保溫有助於之後放入焦糖時容易攪拌）。為了方便之後使用，先將杏仁倒入耐熱容器中。

以中小火加熱鍋子，將精白砂糖分4～5次倒入鍋裡。最初倒少量一點，在不攪拌狀態下靜待砂糖變透明。

輕輕搖晃鍋子讓精白砂糖散開以利完全溶解。慢慢倒入砂糖，不僅較不容易結塊，也因為放慢上色速度而方便調整焦糖濃度。

放入最後一批精白砂糖後再放鹽。

4確實溶解且變成焦糖色，從鍋底至周圍開始冒出氣泡時，將1的杏仁一口氣全倒進去。

注意焦糖的氣泡

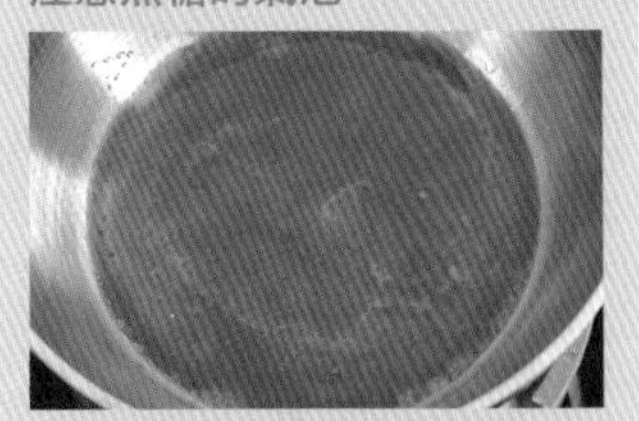

熬煮焦糖時可依個人喜好進行調整。注意氣泡若從中間冒出來，之後和杏仁攪拌在一起的過程可能較不順手，建議還是要讓氣泡從周圍冒出來。

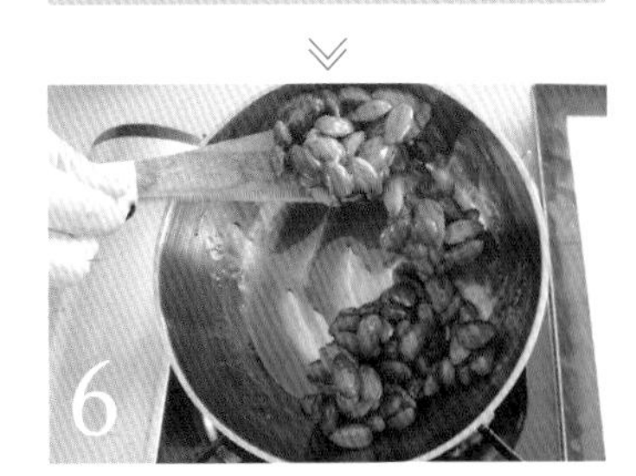

用木鏟快速拌勻5，讓所有杏仁裹上焦糖。

將**6**鋪在烘焙紙（或者沒有洞孔的烘焙墊）上，冷卻30分鐘～1個小時。

7完全冷卻後，用菜刀將焦糖杏仁切細碎。靜置時間若過久，焦糖杏仁會因為吸收濕氣而變黏，建議冷卻後盡速處理。

將**8**放入食物調理機中攪拌1分鐘左右，並用橡皮刮刀混合均勻。

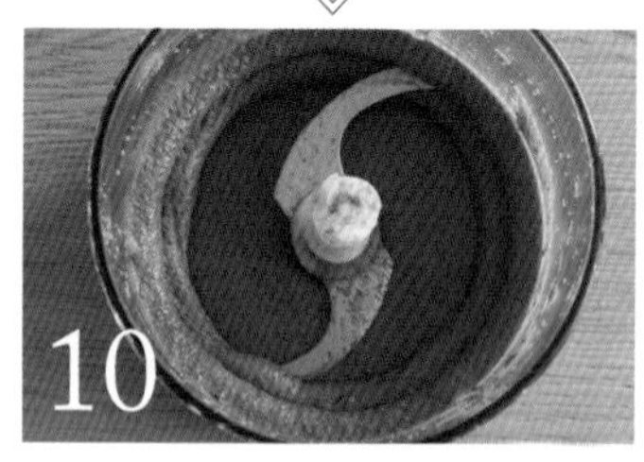

再次以食物調理機攪拌1分鐘左右。反覆這個步驟直到變成泥狀。

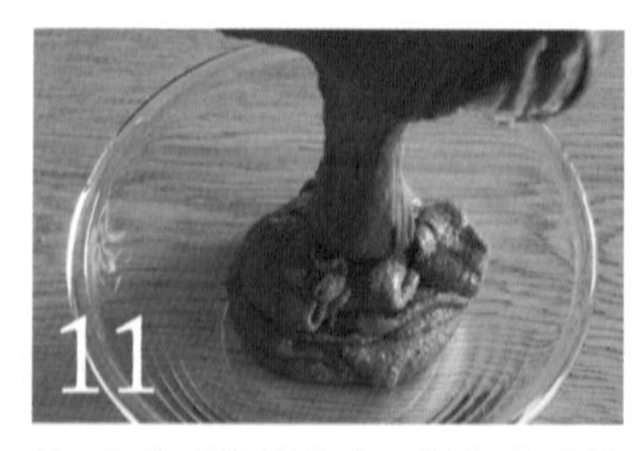

將**10**移至攪拌盆中。製作美味的焦糖杏仁泥，訣竅在於製作過程中盡量不要出油。留意勿攪拌過度。

製作焦糖杏仁泥的重點

持續攪拌焦糖杏仁會逐漸變成泥狀，但持續攪拌的同時，調理機和焦糖的溫度也會持續升高，進而開始出油。若使用食物調理機攪拌10次左右仍舊無法變成泥狀，建議先暫時靜置一陣子，對機器和焦糖杏仁都好。

step 2 製作焦糖杏仁奶油

鍋裡倒入水和精白砂糖，以小火加熱熬製糖漿。

將蛋白倒入攪拌盆中。以溫度計測量**12**的溫度，超過100度C時，開始用電動打蛋器打發蛋白。

由於蛋白量較少，使用時將攪拌盆傾斜會比較容易打發。獨自作業時，建議利用毛巾製造高低差。

鍋內糖漿溫度達115度C時，打發蛋白的同時慢慢將糖漿倒入**14**裡面。

持續使用電動打蛋器打發，並且一次抓一撮無鹽奶油放進去。

冬季氣溫低，奶油可能不容易拌勻。遇到這種情況時，稍微隔水加熱奶油使其軟化。

將**11**的焦糖杏仁泥（現成市售品約200g）倒入**17**裡面，以電動打蛋器充分混合均勻。完成焦糖杏仁奶油。

冬季時可將完成的奶油置於室溫下。夏季時則放入冷藏室裡備用。

製作達克瓦茲杏仁蛋白餅麵團

A材料倒入食物調理機中確實混合均勻，或者以篩網過篩至烘焙紙上備用。

將**20**移至烘焙紙上備用，以利之後的作業。

以電動打蛋器打發蛋白，將精白砂糖分5次倒進去（每次都要充分拌勻後再添加）。

將**22**打發至蛋白尖角直立的蛋白霜。

將**21**分2次倒入**23**裡面，以橡皮刮刀大幅度攪拌。第一次有結塊情形也無妨，第二次大幅度攪拌15次左右。開始預熱烤箱至190度C。

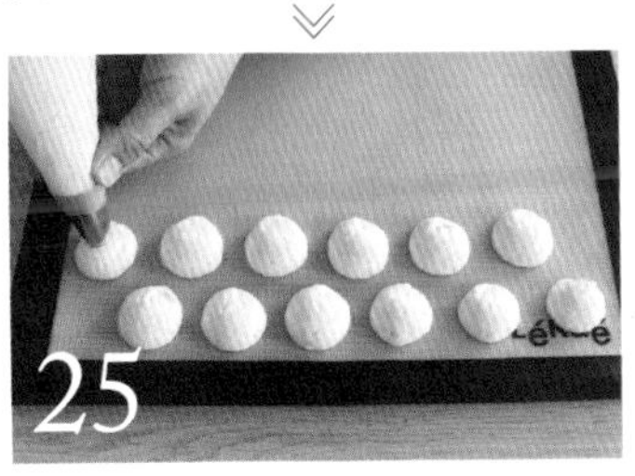

將**24**填入擠花袋中，整齊擠在鋪有無洞孔烘焙墊的烤盤上，大約擠60個（可以先在烘焙紙上畫出直徑4cm的參考線）。

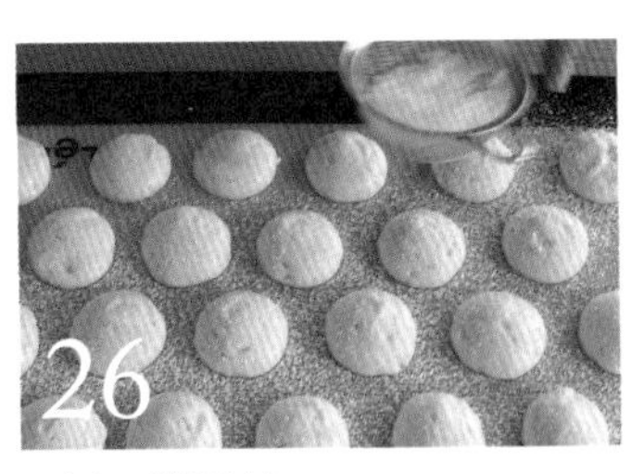

25上面撒糖粉。

放入預熱190度C的烤箱中烤焙10分鐘左右。烤色偏白容易脆裂，最好烤焙至呈淡淡的豆皮色。

27冷卻後，盡量將形狀近似的配對在一起。將**19**填入擠花袋中，並擠在基底蛋白餅的平面一側。

蓋上另外一片基底蛋白餅就完成了。可依個人喜好撒一些糖粉。

no.11

Seasonal fruit tart

季節水果塔

「布列塔尼亞酥餅」是法國布列塔尼的傳統鄉土糕點。
在這項食譜中添加發粉，烤焙柔軟蓬鬆的塔皮，
最後以大量季節性水果裝飾，完成奢華高調的水果塔。
作為伴手禮致贈親友，肯定能為他們帶來無比喜悅。

所需時間
2小時50分鐘 ＋3小時發酵

材料《直徑7cm模具約10個分量》

◆塔皮麵團（布列塔尼亞酥餅）

A
- 低筋麵粉 ••• 130g
- 精白砂糖 ••• 90g
- 發粉 ••• 5g
- 萊姆皮 ••• 1/2顆分量

無鹽奶油 ••• 100g
蛋黃 ••• 2顆

季節性水果
（水蜜桃、美國櫻桃、杏果、洋梨、蘋果、李子、藍莓、草莓等）••• 適量
手粉（高筋麵粉）••• 適量
紅糖 ••• 適量
杏果果醬（增加光澤用）••• 適量

準備

- 奶油切成骰子狀，置於冷藏室裡冷卻備用〔a〕。
- 烤箱預熱至150度C備用（於步驟9開始預熱最為理想）。

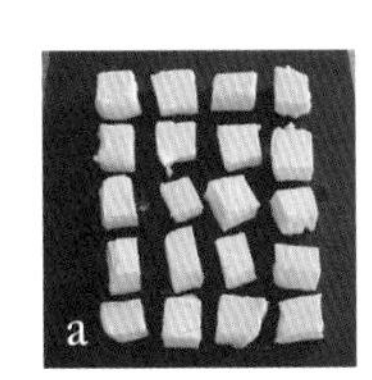

step 1 製作塔皮麵團

A材料倒入食物調理機中確實混合均勻，然後加入刨絲萊姆皮。

將無鹽奶油加入1裡面，混合攪拌至奶油變細碎，整體呈細片狀。

訣竅在於勿攪拌過度！

攪拌過度易造成奶油融化而變黏糊，攪拌至奶油呈細碎片狀就可以停止了。

加入蛋黃攪拌至麵糊成團。在這個階段沒有充分攪拌均勻也沒關係。

將3的麵團移至砧板上，用雙手揉和成團。

以保鮮膜包覆，再以擀麵棍延展，置於冷藏室裡至少發酵3個小時。時間很充裕的情況下，發酵一個晚上更理想。

step2 烤焙

切好季節性水果備用。

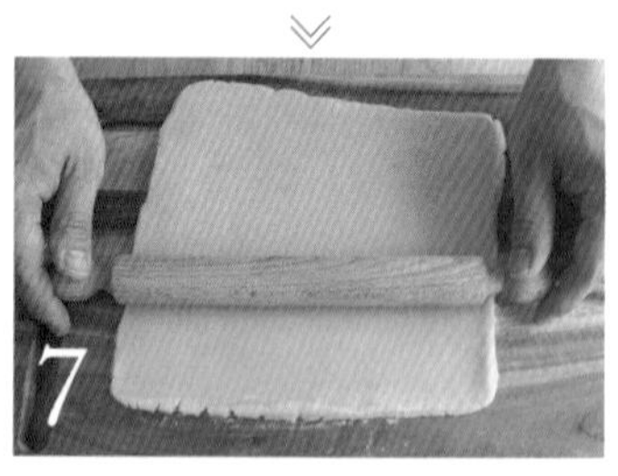

砧板上撒手粉，以擀麵棍將5的麵團延展成約7mm的厚度。

用直徑7cm的模具壓模。

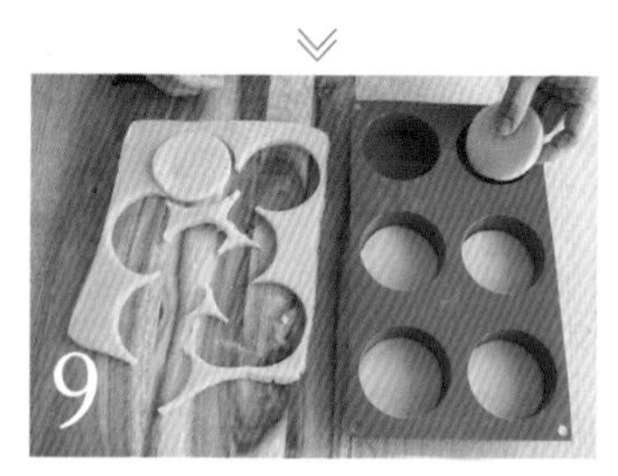

將8的麵團放入直徑7cm的矽膠烤模中。開始預熱烤箱至150度C。

將6的水果擺在9的麵團上。

水果上面撒紅糖。

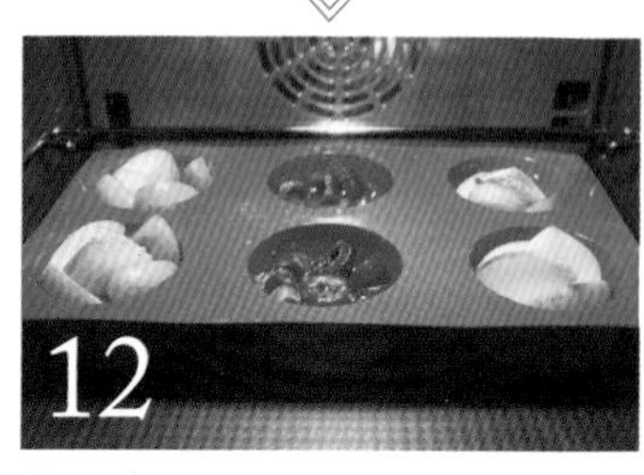

放入預熱150度C的烤箱烤焙30～35分鐘（約20分鐘時將烤盤前後對調，再繼續烤焙10～15分鐘）。

收尾

出爐後稍微置涼，然後脫模。

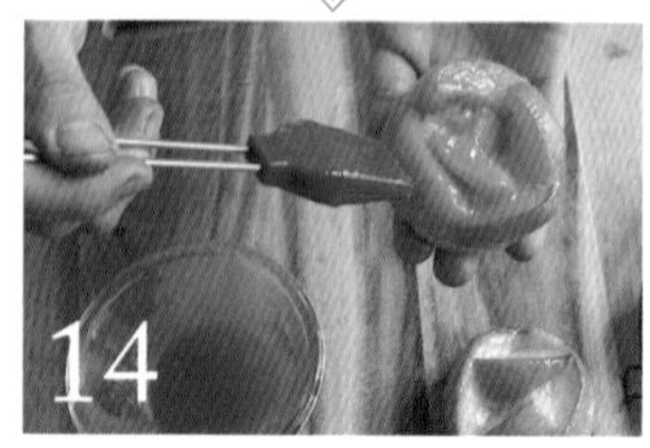

冷卻後塗刷增加光澤用的杏果果醬就完成了。

杏果果醬太稀薄時…

果醬太稀薄時，稍微用火加熱熬煮一下。以塗刷在水果塔表面能停留且不滴落為原則。

Mini Column

比利時的下午茶時間

自製冰紅茶
Thē glacé maison

每到夏季，比利時咖啡館的菜單總會多出一道自製冰紅茶的選項。各店家的製作方法不盡相同，但基本上都是冰紅茶裡添加柑橘類水果和薄荷。部分店家會添加柳橙汁、蘋果汁或使用蜂蜜、糖漿調味以打造各店家專屬特色。前陣子在朋友的家庭聚會裡，我甚至喝到朋友自製，添加紫羅蘭糖漿的冰紅茶。香氣迷人，真的非常好喝。附帶一提，比利時有食用花卉的文化習慣，所以在住家附近的超市裡能夠輕易取得紫羅蘭糖漿。

no.12

Egg tart

使用葉子派麵團製作

蛋塔

製作派皮麵團的過程中，
難免留下一些壓模後沒用到的邊邊角角。
這一次要活用含水量高且不易失去口感的
「速成法式派皮麵團」（P.36）特色，製作美味可口的蛋塔。
另外，添加肉桂和檸檬香氣，打造清爽口感的蛋塔。

所需時間
2小時45分鐘 +3小時發酵 1小時凝固

材料《直徑8cm烤模約8個分量》

派皮麵團剩餘的邊邊角角
製作葉子派（P.36）剩餘的派皮 ••• 2片分量〔a〕
※不使用剩餘派皮時，請依照P.37製作派皮麵團

手粉（高筋麵粉）••• 適量

A
- 牛奶 ••• 180g
- 精白砂糖 ••• 80g
- 鮮奶油（35%）••• 20g
- 肉桂棒 ••• 1枝
- 取完香草籽的香草莢（鑽石餅乾（P.18）和佛羅倫提焦糖餅（P.30）等剩餘的）••• 1/4枝
- 檸檬皮（有機檸檬）••• 少許

B
- 精白砂糖 ••• 20g
- 蛋 ••• 1顆
- 蛋黃 ••• 1顆

低筋麵粉 ••• 15g

準備

• 處理冷凍剩餘派皮的1個小時左右前先置於冷藏室裡解凍〔a〕。
• 若不使用剩餘派皮，請按照P.37葉子派的製作方式製作1片派皮。
• 這次使用直徑8cm的塔模。製作小型蘋果派或馬芬的烤模也可以〔b〕。
• 烤箱預熱至210度C備用（於步驟18開始預熱最為理想）。

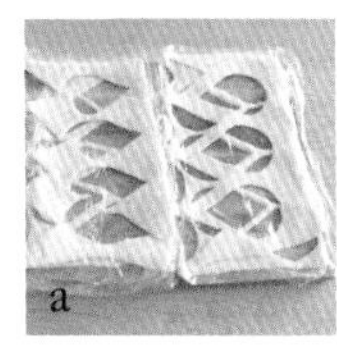
a

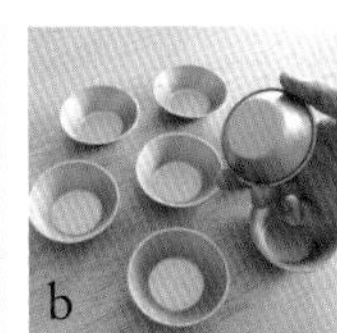
b

step 1 延展麵團

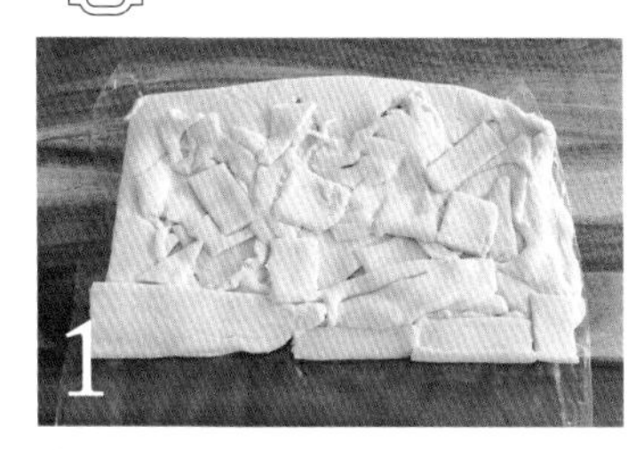
1
將製作葉子派（P.36）剩餘的邊邊角角派皮緊密貼合地排列在砧板上，盡量讓整體的厚度一致。

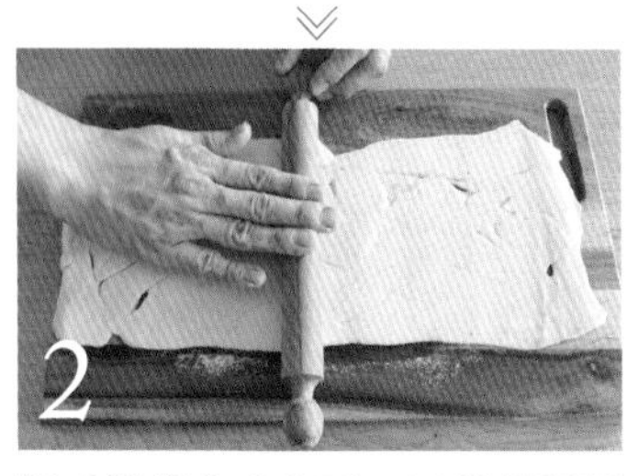
2
將手粉撒在1上面，以擀麵棍延展。

3
摺成三褶。

4
將3的麵團旋轉90度。

5
撒上手粉並將麵團筆直延展成2倍長。

6
將5摺成三褶。

7
照片中為摺成三褶的狀態。

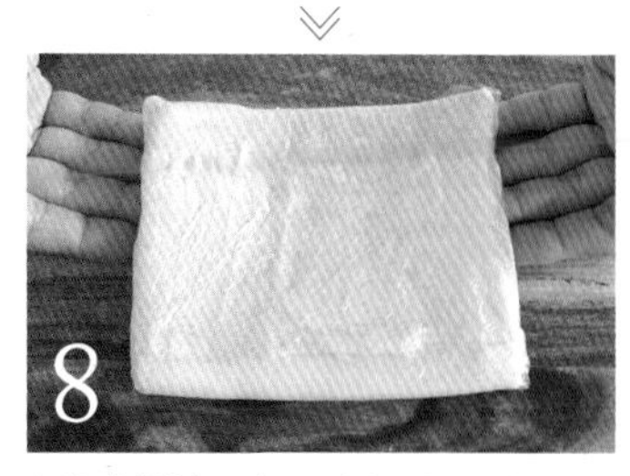
8
用保鮮膜包覆7，靜置於冷藏室約1個小時。

step2 揉和麵團

將8的麵團移至砧板上。撒手粉並用擀麵棍將麵團延展成厚度4～5mm，長度約18cm。

用毛刷在9上面塗刷薄薄一層水（分量外）。

將10的麵團捲起來。

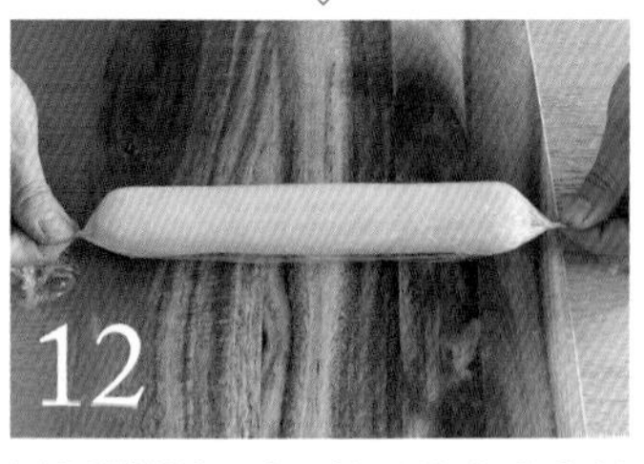
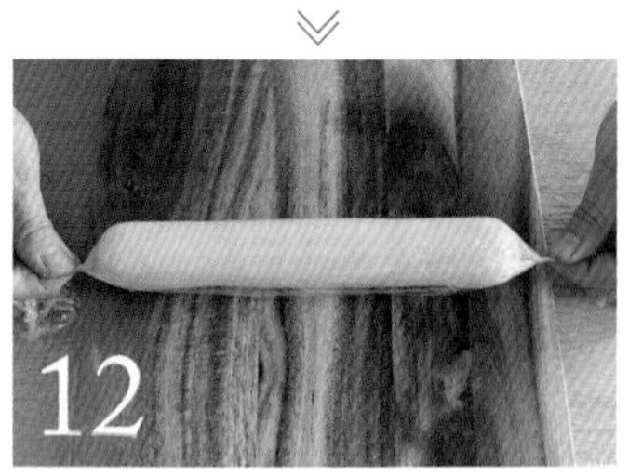

用保鮮膜包覆，靜置於冷凍庫凝固約1個小時。

step3 鋪塔皮

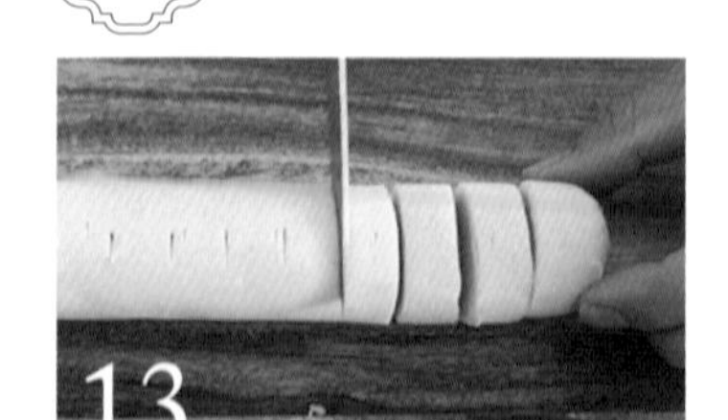

用菜刀將12分切成小塊，每塊約20g。分切好的麵團用保鮮膜包覆並置於冷藏室裡備用。

剩餘麵團的保存方法

剩餘麵團用保鮮膜確實包覆，置於冷凍庫裡可保存1個月左右。使用前先稍微半解凍以利分切。

取出一塊13的麵團，放在撒好手粉的砧板上，以擀麵棍延展成比烤模大一圈的圓形。其他麵團仍置於冷藏室裡冷藏備用。

用叉子在麵團上戳洞。

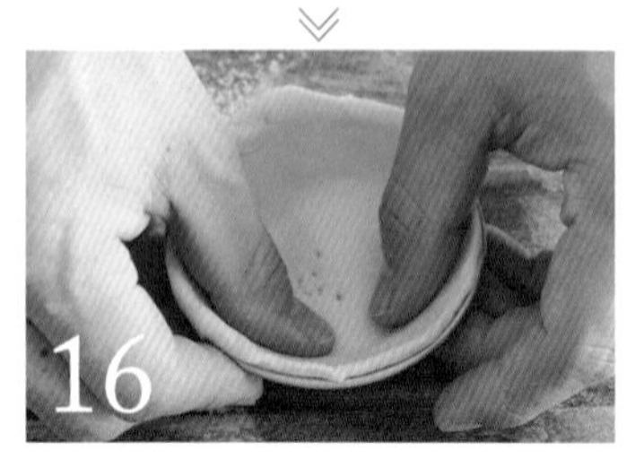

用拇指沿著烤模側面按壓，將塔皮鋪於烤模內。其他麵團也是同樣作法。

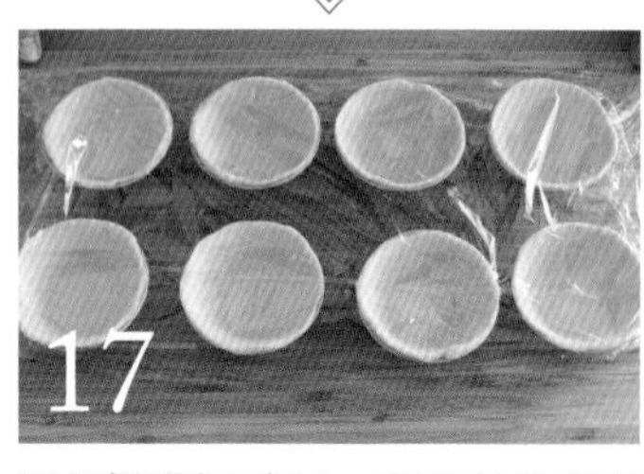

用保鮮膜包覆16，靜置於冷藏室裡發酵1個小時左右。

step 4 製作奶油內餡

開始預熱烤箱至210度C。將A材料放入鍋中，以中火加熱至沸騰。

B材料放入攪拌盆中，以打蛋器混合均勻。

過篩低筋麵粉至**19**裡面，充分混合均勻。

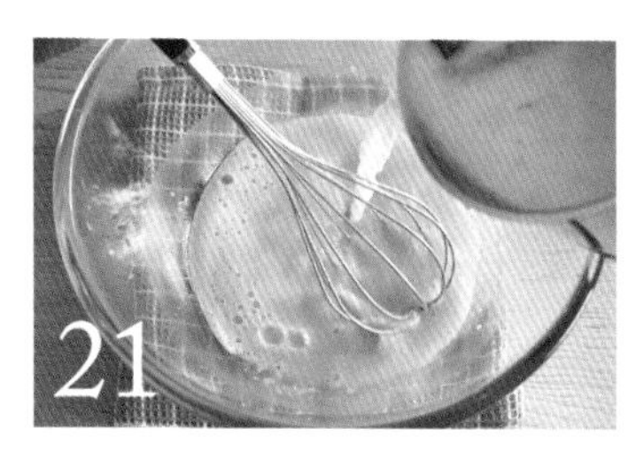

充分攪拌**20**後，將**18**也倒進去。

過濾**21**並裝入容易注入的容器中。

step 5 烤焙

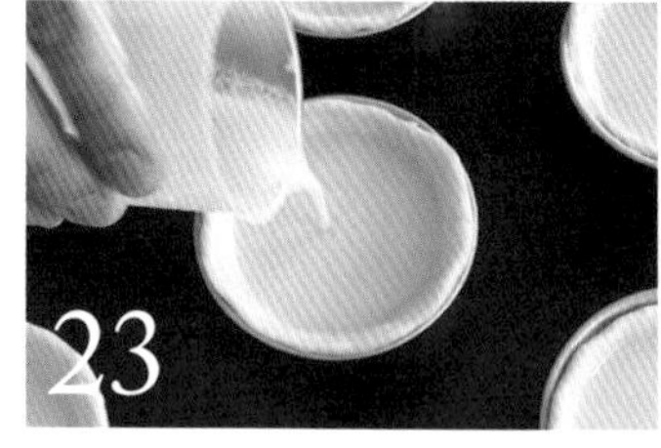

自冷藏室取出**17**，排列於烤盤上，依序注入**22**約8分滿（1個約40～50g。**22**還有點溫熱也沒關係）。

放入預熱210度C的烤箱烤焙20～23分鐘。

呈金黃色就完成了。

no.13

Plain pound cake

原味磅蛋糕
（杏果果醬和香草香氣）

雖然食譜本身很簡單，
但要做出濕潤且紮實的口感
不如預期中來得輕鬆容易。
在充滿濃郁香草氣息的磅蛋糕上
塗抹杏果果醬，
能使品味層次更升級。

所需時間
2小時20分鐘 ＋ 靜置發酵一晚

材料《直徑19cm×9cm磅蛋糕烤模1個分量》

無鹽奶油（麵糊用）••• 125g
A ｜精白砂糖 ••• 125g
　｜香草莢 ••• 1枝
鮮奶油（35%）••• 10g
蛋 ••• 2顆
低筋麵粉 ••• 125g
發粉…3.5g
無鹽奶油（烤模用、擠在麵團中間夾層用）••• 適量
高筋麵粉（烤模用）••• 適量
杏果果醬 ••• 適量
（依個人喜好添加，沒有也沒關係）

準備

- 將蛋置於室溫下備用（直接使用冷蛋容易造成奶油和蛋分離）。
- 無鹽奶油切薄片，置於室溫軟化至手指按壓後會留下痕跡〔a〕。
- 烤箱預熱至170度C備用（於步驟7開始預熱最為理想）。

a

step 1 製作麵團

1 將麵糊用無鹽奶油和A材料放入攪拌盆中，以橡皮刮刀稍微拌開。用菜刀對半剖開香草莢，從頭部刮至尾部取出香草籽（香草莢可留著作為裝飾用）。

2 用打蛋器充分混合1。

3 打發2的奶油至飽含空氣且偏白的尖角直立奶油狀，這時候加入鮮奶油混合均勻。

隔水加熱成奶油狀

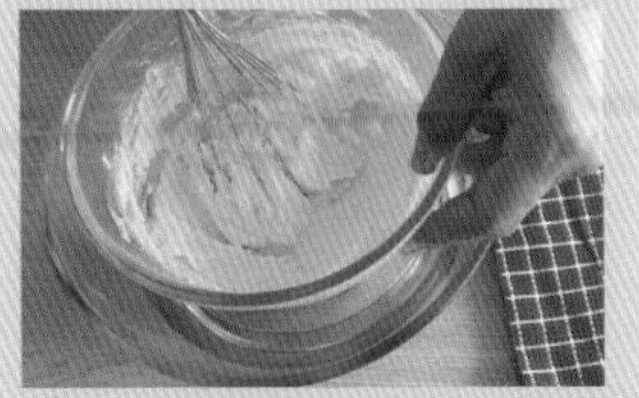

隔水加熱能加速變成奶油狀，但務必留意不要讓奶油融化。

4 打一顆蛋，用叉子充分打散。

5 將4分5～6次慢慢倒入3裡面，每次添加都要充分拌勻。

6 起初只放入少量蛋液，之後慢慢增加。每次都要攪拌至有乳化的感覺。加入蛋液的第4～5次時最容易產生奶油和蛋分離的現象，這時請格外留意。

注意不要產生奶油和蛋分離的現象！

冷蛋容易造成奶油和蛋分離，必須先讓蛋恢復常溫。如果還是產生分離現象，可以將攪拌盆隔水加熱5秒左右。但務必留意不要讓奶油融化。

烤焙

開始預熱烤箱至170度C。過篩低筋麵粉和發粉至6裡面。

用橡皮刮刀約攪拌20次，沒有粉狀且均勻就OK了。千萬不要攪拌過度。

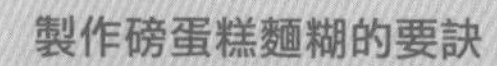

製作磅蛋糕麵糊的要訣

製作磅蛋糕麵糊時，通常會在加入蛋之後產生奶油和蛋分離的現象，但就算分離，也會在加入麵粉後有所改善。製作過程中若真的發生分離現象，千萬不要放棄，試著繼續加入麵粉並烤焙。多累積經驗，必定能掌握不會產生分離現象的訣竅。

用毛刷沾無鹽奶油（約美乃滋的軟度）塗抹在烤模內側，並且撒上薄薄一層高筋麵粉。將烤模倒過來，倒掉多餘的麵粉。

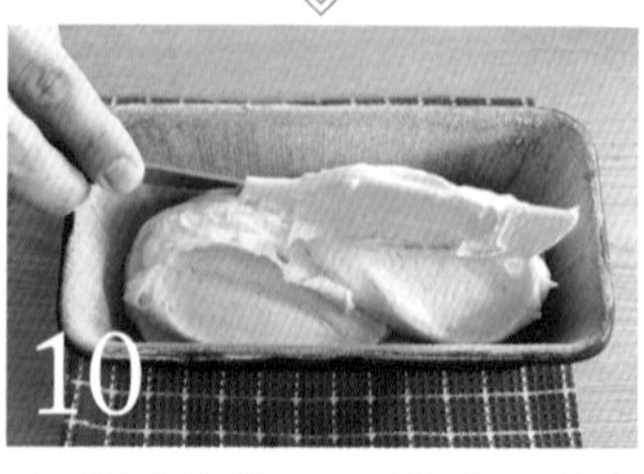

將8倒入烤模中，同烤模在布巾上輕敲幾下以排出麵糊裡的空氣。

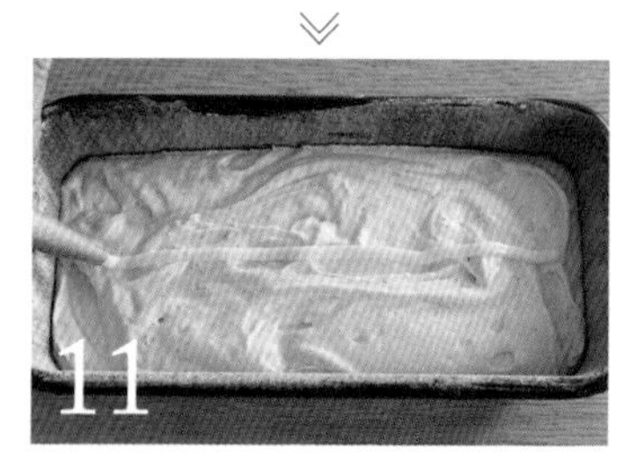

依個人喜好在麵糊中間擠一些無鹽奶油（烤焙出爐時會形成漂亮的裂紋）。步驟9中有剩餘的奶油時，可以在這個步驟中使用完畢。

放入預熱170度C的烤箱中烤焙50分鐘左右。約40分鐘時將烤盤前後對調，然後繼續烤焙8～10分鐘。

以竹籤刺一下蛋糕，竹籤上沒有沾附麵糊時即可出爐。脫模後置涼。

小心燙傷！

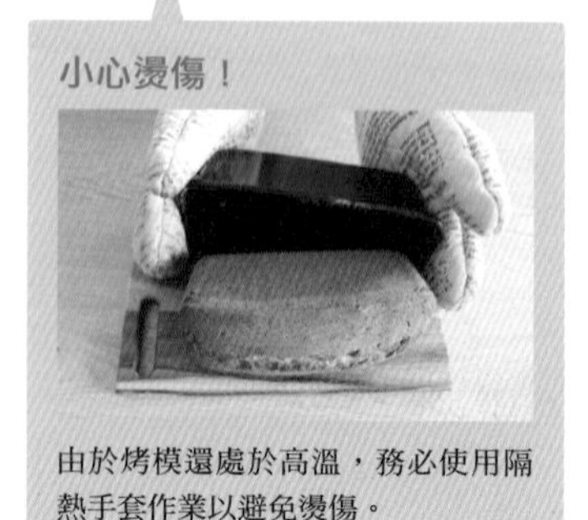

由於烤模還處於高溫，務必使用隔熱手套作業以避免燙傷。

冷卻後用保鮮膜包覆，靜置於冷藏室裡一晚。這個步驟能使磅蛋糕口感更加濕潤。

step3 收尾

杏果果醬太稀薄時，用鍋子加熱熬煮一下使其變黏稠。熬煮至稍微冒出氣泡就OK了。

原本比較黏稠的杏果果醬也可以稍微加熱一下，塗抹時會更加順暢。趁果醬溫熱時趕快塗抹在磅蛋糕上。

依個人喜好將步驟1中留下來的香草莢裝飾在蛋糕上。

Mini Column

比利時的下午茶時間

不只有紅茶！比利時的茶（Thē）事情

在日本說到茶（Thē），大家或許只聯想到大吉嶺茶或格雷伯爵茶等「褐色」的紅茶，但比利時的茶並非只有褐色的紅茶，多數人喜歡用熱水沖泡新鮮的香草植物，而咖啡館的菜單裡也常有名為「Thē infusion」的香草茶。若在咖啡館裡跟服務生說「請給我一杯茶（Thē）」，他們通常會端出一杯香草茶。在比利時想喝杯紅茶時，請務必對服務生說「請給我一杯紅茶（Black tea）」。

no.14

Marble chocolate pound cake

大理石巧克力磅蛋糕

原味磅蛋糕（P.68）的活用版。
將甘納許巧克力添加至麵糊裡的食譜，
對我來說也是一大挑戰，但最後我終於完成濕潤又濃郁的巧克力磅蛋糕。
再以堅果巧克力妝點，讓整體外觀更顯華麗。

所需時間
2小時45分鐘 ＋靜置一晚發酵

材料《19cm×9cm磅蛋糕烤模1個分量，直徑6cm馬芬烤模4個分量》

◆磅蛋糕麵糊
無鹽奶油 ••• 190g
精白砂糖 ••• 150g
蛋 ••• 3顆
低筋麵粉 ••• 190g
發粉 ••• 5g

◆甘納許巧克力
甜味黑巧克力 ••• 100g
鮮奶油（40%）••• 50g

無鹽奶油（烤模用）••• 適量
高筋麵粉（烤模用）••• 適量
巧克力脆片（裝飾用）
••• 依個人喜好添加

◆披覆用巧克力
甜味黑巧克力 ••• 180g
杏仁 ••• 50g
椰子油 ••• 40g

準備

• 無鹽奶油切薄片，置於室溫下軟化至手指按壓後會留下痕跡〔a〕。
• 將蛋置於室溫下備用（直接使用冷蛋容易造成奶油和蛋分離）。
• 烤箱預熱至160度C備用（用於烤焙磅蛋糕。於步驟10開始預熱最為理想）。
• 烤箱預熱至150度C備用（用於烤焙杏仁。於步驟15開始之前預熱最為理想）。

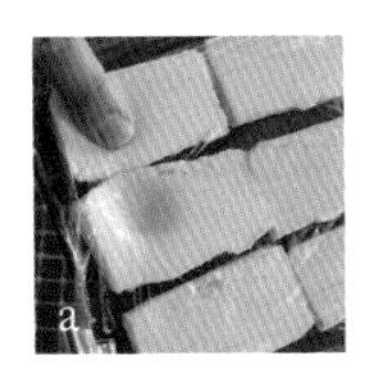
a

step 1 製作麵團

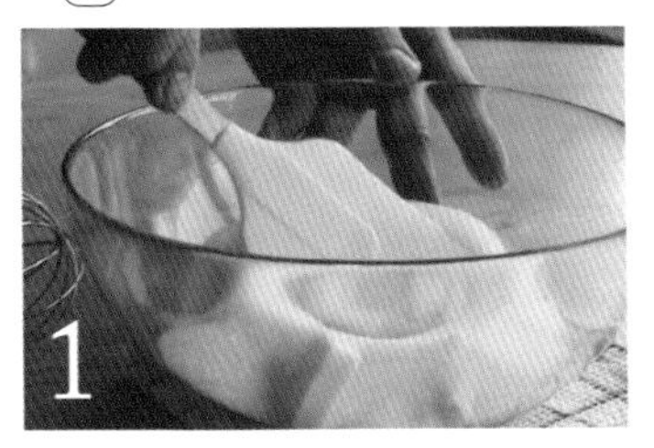
1
將無鹽奶油和精白砂糖倒入攪拌盆中，以橡皮刮刀拌開。

2
用打蛋器將1打發至偏白且呈尖角直立奶油狀。

打發至飽含空氣
打發至飽含空氣且呈尖角直立奶油狀，有助於加入蛋液時比較不容易產生奶油和蛋分離的現象。使用電動打蛋器也OK。

3
將確實打散的蛋液分5次倒入2的攪拌盆中，為避免奶油和蛋分離，每一次都使用打蛋器充分拌勻。

4
過篩低筋麵粉和發粉至3裡面。

5
用橡皮刮刀以切拌方式攪拌至沒有粉狀。

6
將5的麵團分成一半。

攪拌重點
室溫比較低或使用冷蛋時，將攪拌盆置於裝有熱水的鍋裡數秒。以奶油不會融化的程度隔水加熱數秒，有助於確實攪拌且奶油和蛋不易分離。

step 2 製作甘納許巧克力

7

將甜味黑巧克力（用於製作甘納許）切細碎。同時也將用於製作披覆用巧克力醬的甜味黑巧克力切細碎備用。

8

將加熱的鮮奶油倒入步驟**7**中切細碎的甜味巧克力（用於製作甘納許）中。用橡皮刮刀攪拌使其乳化變滑順。

無法融化的情況下

若沒有事先將甜味黑巧克力切細碎，可用500W微波爐逐次加熱數十秒，邊攪拌邊視情況加熱融化。

step 3 烤焙麵團

9

用毛刷沾無鹽奶油（約美乃滋的軟度）塗抹在烤模內側，並且撒上薄薄一層高筋麵粉。將烤模顛倒，倒掉多餘的麵粉。

高筋麵粉加奶油幫助容易脫模

撒高筋麵粉能幫助奶油固定於磅蛋糕烤模上。有時奶油的種類和烤模形狀會影響脫模作業，若能撒一些高筋麵粉，無論使用什麼類型的烤模都容易脫模。

10

開始預熱烤箱至160度C。取步驟**6**中切一半的麵糊，和步驟**8**中製作且調溫至33度C左右的甘納許混合在一起，大致攪拌一下。

調溫訣竅

甘納許製作完成時，溫度大概下降至40度C左右，而在準備烤模期間，溫度通常會達到最適溫。倘若溫度降得太低，則用500W微波爐逐次加熱10秒至最適溫度。

11

將**10**放入步驟**6**中分成一半的另外一半麵糊裡面，輕輕攪拌混合成大理石花紋。

12

將**11**的麵糊放入烤模中，約8分滿。使用湯匙將麵糊放入烤模裡，比較不容易破壞大理石花紋。放入預熱至160度C的烤箱中烤焙50分鐘左右。

13

剩餘的麵糊製作成馬芬。每個烤模約盛裝7分滿的麵糊。依個人喜好以巧克力脆片作為裝飾。放入預熱至160度C的烤箱中烤焙25分鐘左右。

14

12出爐後脫模，小心不要燙傷。確實做好步驟**9**，就能輕鬆脫模。冷卻後用保鮮膜包覆並置於冷藏室一晚。馬芬也同樣靜置一晚，口感會更加濕潤。

step 4 收尾

作業前先預熱烤箱至150度C。為了增加香氣，將製作披覆用巧克力的杏仁放入烤箱中烘烤20分鐘左右。

杏仁冷卻後切細碎。

將椰子油倒入步驟7中切細碎的甜味黑巧克力（製作披覆用巧克力）中，以500W微波爐加熱數十秒並拌勻至滑順。調溫至37～40度C後加入16。

調溫訣竅

微波爐加熱使巧克力完全融化時，巧克力溫度大約37度C。沒有過度加熱的話，微波完應該會是最適溫度。

自冷藏室取出靜置一晚的14大理石磅蛋糕，整體淋上17的披覆用巧克力醬。

確實冷卻最為理想

直到處理之前才從冷藏室取出大理石磅蛋糕，確實冷卻有助於漂亮淋上披覆用巧克力醬。

Mini Column
比利時的下午茶時間

僅次於抹茶的是!? 焙茶

日本人經常喝煎茶、玄米茶、焙茶，事實上比利時人也非常喜歡日本茶！不過，對他們來說，最有名的日本茶還是綠茶和抹茶。相較之下，焙茶在比利時尚不普及，因此唯有喜歡亞洲茶的人才會有所耳聞……。我的甜點蛋糕店裡也有供應「焙茶巧克力」蛋糕，向客人說明「這款蛋糕使用焙茶製作而成」後，有些客人會欣然接受。雖然目前還是個未知數，但將來焙茶或許也會像抹茶一樣深受比利時人喜愛。

Column 2

關於比利時的故事

比利時人的飲食生活

比利時人的午餐多為熱食且相對豐富，而晚餐則多為冰涼食材的輕食。當然了，外出用餐或旅行時偶爾會有例外，但上述內容是多數傳統比利時人的用餐模式。法裔比利時人還會在晚餐前先吃點名為「Aperitin」的開胃菜配啤酒。

自從來到比利時，我再次感受到日本飲食無論熬煮或煎炒都相對使用較多的砂糖和味醂等甜味調味料。另一方面，比利時的料理則幾乎不使用砂糖。唯一的例外是啤酒烤牛肉（carbonnades）。比利時人得知日本料理會加糖時，都感到相當驚訝，料理中添加砂糖讓他們難以想像。

相對於此，比利時人飯後一定少不了甜點，他們透過飯後吃甜點或水果來補充糖分。由於無法從正餐中攝取糖分，不少人喝咖啡或紅茶時都會添加砂糖以均衡營養素。

從前我有個朋友因國際婚姻來到比利時，他沒有吃甜食的習慣，飲料中也從來不添加砂糖，就這樣過了幾年，他因為莫名身體不適而前往醫院，沒想到竟然是因為糖分攝取不足才導致身體不適。

三餐正常吃比利時食物且不吃甜食的飲食生活，竟然對身體有害，這真的讓我朋友大感吃驚。

從甜食中攝取糖分的比利時人，採買甜點

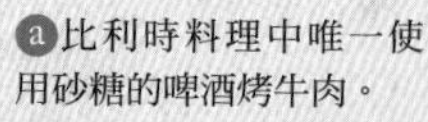

a比利時料理中唯一使用砂糖的啤酒烤牛肉。

b附近的法國老爺爺招待的開胃菜。

c比利時人常吃的熱食與冷食。

的方式更是豪邁。巧克力是秤斤賣，基本上都是1公斤起跳。比利時人一次採買的分量，一般日本人根本難以想像。而餅乾的賣法也和日本不太一樣，陳列櫃中擺滿裸裝餅乾，同樣也是秤斤賣。日本的糕餅甜點通常都是一個個精美包裝，但在比利時，大家都是直接用手拿取陳列櫃中的裸裝餅乾，即便是麵包或蛋糕，多數人也都是不戴手套就直接拿取，一開始見證這種文化衝擊時，我也著實感到相當驚訝。雖然比利時人也覺得這種方式不盡理想，但多數店家還是採用這種買賣方式。而且一看到可愛的老奶奶店員笑容可掬地招待客人，頓時也就沒那麼在意了……。這種隨性的特色在歐洲各地隨處可見，相信在未來也會持續延續下去。然而受到新型冠狀病毒疫情的影響，基於衛生考量，他們也不得不有所改變。我很驚訝歐洲各地願意因此做出改變，不過看完這篇專欄的讀者，你們可以因此放一百個心，盡情享用歐洲的各式糕餅甜點（笑）。

Maison Danday是一家以焦糖餅（Speculoos）聞名的糕餅店。店內擺設非常可愛，吸引不少觀光客前來造訪。

ⓓ比利時王室經常造訪的巧克力名店Mary。
ⓔ除了餅乾和巧克力，焦糖也都是秤斤賣。

Chapter 3

歐洲的
傳統烘焙糕點

接下來為大家介紹比利時和法國等歐洲人常吃的

「歐洲傳統烘焙糕點」。

我的甜點蛋糕店裡也陳列許多傳統糕點，

即使在現代也相當受到大家喜愛。

請各位讀者務必在家

感受一下這濃濃的歐洲風美味。

no.15

Brussels-Brest

布魯塞爾泡芙
（濃厚比利時巧克力口味）

將長得像自行車輪胎的傳統甜點「巴黎布雷斯特泡芙」做成小泡芙形狀，
然後再將6個排列成環狀，大膽又嶄新的創意。
使用濃郁的比利時巧克力製作巧克力口味的麵團，
並以巧克力王國比利時的首都「布魯塞爾」命名。

所需時間
3小時30分鐘 ＋ 靜置一晚發酵

材料《直徑12cm環狀紙模約4個分量》

◆巧克力酥皮泡芙

A
- 精白砂糖 ••• 50g
- 低筋麵粉 ••• 45g
- 可可粉 ••• 6g

無鹽奶油 ••• 50g

◆甘納許巧克力＆濃厚巧克力奶油

〔甘納許〕

鮮奶油（35%）••• 320g ⓐ

水飴 ••• 100g

B
- 甜味黑巧克力（65%）••• 160g
- 牛奶巧克力（33%）••• 70g

〔濃厚巧克力奶油〕

上述材料製作的甘納許巧克力 ••• 300g

鮮奶油（35%）••• 150g ⓑ

◆巧克力泡芙麵糊

蛋 ••• 2顆

X
- 豆漿 ••• 100g（使用牛奶的情況，牛奶50g＋水50g）
- 無鹽奶油 ••• 40g
- 鹽 ••• 一小撮

Y
- 低筋麵粉 ••• 45g
- 高筋麵粉 ••• 10g
- 可可粉 ••• 8g

準備

• 將用於製作酥皮泡芙的無鹽奶油切成骰子狀，置於冷藏室裡冷卻備用。並且將蛋置於常溫下退冰。

• 在烘焙紙上描繪泡芙形狀的參考線〔a〕。

• 6個直徑4cm的迷你泡芙串連在一起，共畫出4份〔b〕。

• 使用豆漿製作泡芙麵糊的理由是豆漿的含水量高於牛奶，加熱時容易膨脹。另外也由於中間容易形成空洞，更有利於填入更多奶油。

• 巧克力切細碎備用。

• 烤箱預熱至180度C備用（於步驟20開始預熱最為理想）。

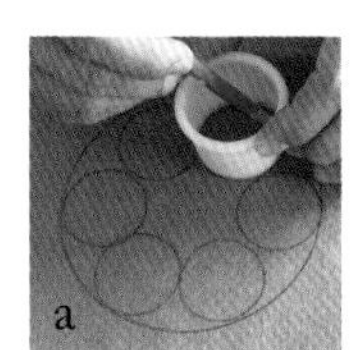
a

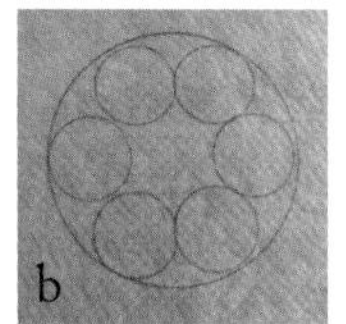
b

step 1 製作巧克力酥皮泡芙

1

A材料倒入食物調理機中確實混合均勻。

2

無鹽奶油倒入1裡面，混合攪拌至奶油變細碎，整體呈細片狀。

3

取出2置於砧板上，用雙手揉和成團。

4

以擀麵棍延展成厚度約3mm。

5

取直徑4cm壓模，壓出24個左右的圓形。

6

將5排列於砧板上並用保鮮膜覆蓋，置於冷凍庫裡冷卻備用，直到烤焙之前再取出。

step 2 製作甘納許＆濃厚巧克力奶油

鍋裡倒入鮮奶油ⓐ和水飴，加熱至快沸騰。

7沸騰後注入裝有B材料的耐熱容器中，以攪拌機攪拌至滑順。

將8分裝於其他容器中，每份300g。甘納許巧克力製作完成。

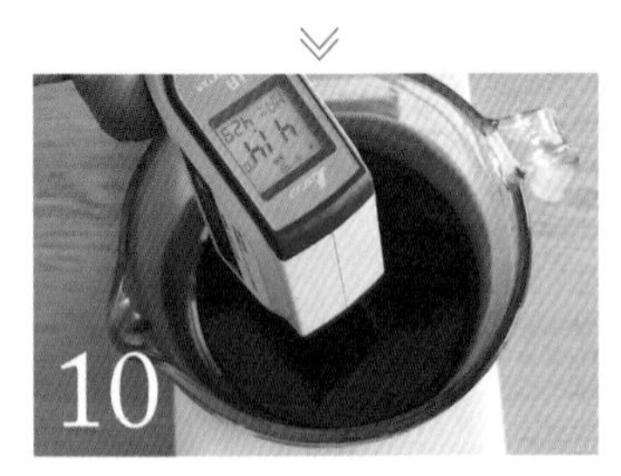

將9步驟中剩餘的甘納許靜置一旁，讓溫度下降至40度C左右。

將鮮奶油ⓑ加入10裡面，充分混合均勻。濃厚巧克力奶油製作完成。

將9的甘納許巧克力和11的濃厚巧克力奶油各自以保鮮膜確實密封，靜置於冷藏室一晚備用。

step 3 製作巧克力泡芙麵糊

將蛋充分打散備用。

X放入鍋裡，以中火加熱至無鹽奶油融化且沸騰冒出氣泡。

14沸騰後關火，將Y過篩至鍋裡。

以木鏟快速攪拌15至沒有粉末狀。

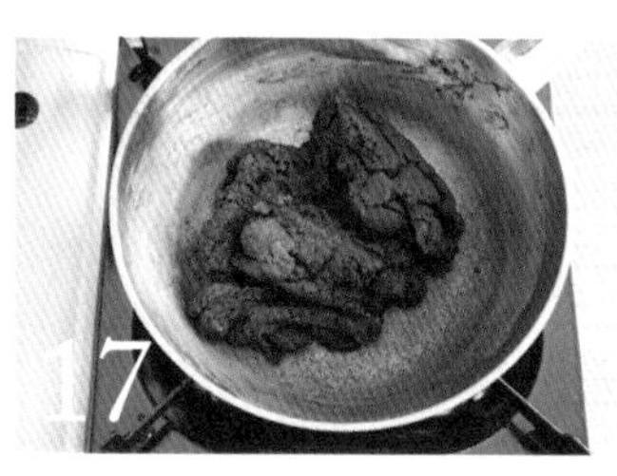

再次以中火加熱，持續攪拌。當鍋底形成薄膜，麵糊成團後即可關火並移至攪拌盆中。

將13分5次加入17裡面。每次都要充分混合均勻。

調整蛋液量

蛋液量終究只是參考值。添加的蛋液量隨加熱時水分蒸發的多寡而有些許改變。仔細觀察麵糊狀態（撈起麵糊時會自動落下的狀態），以19為目標進行調整。

最理想的狀態是以橡皮刮刀撈起麵糊時，麵糊會呈三角形垂落狀，但不會完全落下，依然停留在橡皮刮刀上。

開始預熱烤箱至180度C。將畫有參考線的烘焙紙顛倒鋪於烤盤上，然後將19填入擠花袋中，沿著參考線擠出麵糊。

將6的巧克力酥皮泡芙擺在20上面。

放入預熱180度C的烤箱中烤焙30分鐘左右。降溫至150度C後再繼續烤焙20～25分鐘。出爐後置涼備用。

分批烤焙時

無法一次全數放進烤箱，可以分2批烤焙。麵糊變乾時，記得先噴點水再放進烤箱裡烤焙。

step 4 收尾

將22對半剖開。一氣呵成容易造成變形，建議二段式逐步切開。

取出靜置於冷藏室的12甘納許巧克力並填入擠花袋中，然後擠在對半切開的23麵團上面。

取出靜置於冷藏室的12濃厚巧克力奶油，以電動打蛋器打發至奶油呈尖角直立狀，然後填入擠花袋中並擠在24上面。

將另外一半麵團蓋在25上面就完成了。

no.16

Cream cheese and yogurt tart flan

優格乳酪布丁塔

使用奶油起司和優格改造傳統甜點布丁塔，
讓口味更加清爽且具有深度。
為了保留布丁塔的柔軟，
特地製作入口即化且鬆軟的塔餅麵團。

所需時間
3小時5分鐘 + 30分鐘發酵 靜置一晚冷卻

材料《直徑18cm×高5cm的圓形烤模1個分量》

◆塔餅麵團

A
- 中筋麵粉 ••• 180g
- 糖粉 ••• 55g
- 杏仁粉 ••• 40g
- 發粉 ••• 2g

B
- 有鹽奶油 ••• 65g
- 無鹽奶油 ••• 40g

蛋黃 ••• 2顆
無鹽奶油（烤模用）••• 適量
手粉（高筋麵粉）••• 適量
牛奶（黏著麵團用）••• 適量

◆奶油餡

奶油起司 ••• 180g
精白砂糖 ••• 70g
香草莢（只使用香草籽）••• 1枝
無糖優格 ••• 80g

C
- 鮮奶油（35%）••• 360g
- 蛋黃 ••• 3顆
- 蛋 ••• 1顆

準備

• 將用於製作塔餅麵團的奶油切成骰子狀，置於冷藏室裡冷卻備用〔a〕。
• 過篩糖粉，去除結塊〔b〕。
• 將製作奶油餡（指的是數種材料混合一起的流體麵糊）的奶油起司於開始作業之前先恢復至常溫備用〔c〕。
• 烤箱預熱至140度C備用（於步驟18開始預熱最為理想）。

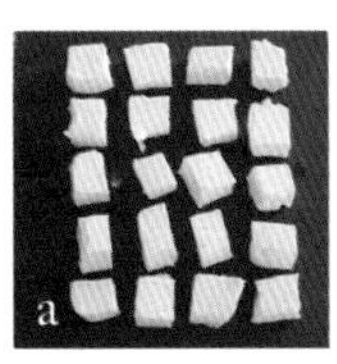
a

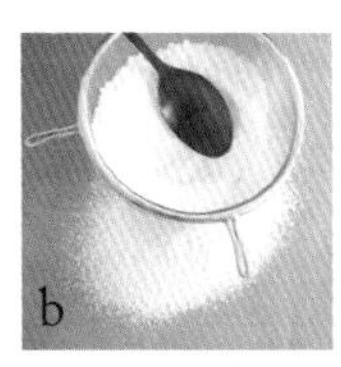
b

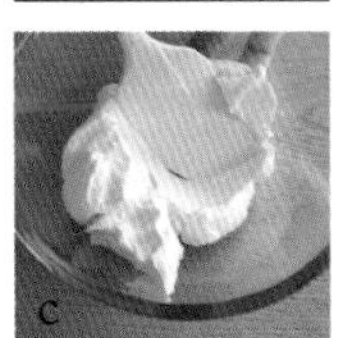
c

step 1 製作塔餅麵團

1

A材料倒入食物調理機中確實混合均勻。

2

將確實冷卻的B放入1裡面，繼續混合攪拌至奶油變細碎，整體呈細片狀。注意勿攪拌過度。

3

將蛋黃倒入2裡面，輕輕攪拌至整體成團。這時麵團有些斑駁不均勻也沒關係。

4

將3移至砧板上，用雙手揉和成團。

5

以保鮮膜包覆，並用擀麵棍延展成片狀。靜置於冷藏室發酵至少30分鐘。

6

在烤模內側塗刷無鹽奶油備用。

7

自冷藏室取出5置於砧板上，撒手粉並以擀麵棍延展成厚度5mm左右。

8

以直徑18cm的烤模壓模，將烤模和圓形麵團移至鋪有烘焙紙的烤盤上。

將剩餘的麵團集中在一起，撒手粉的同時揉和在一起。

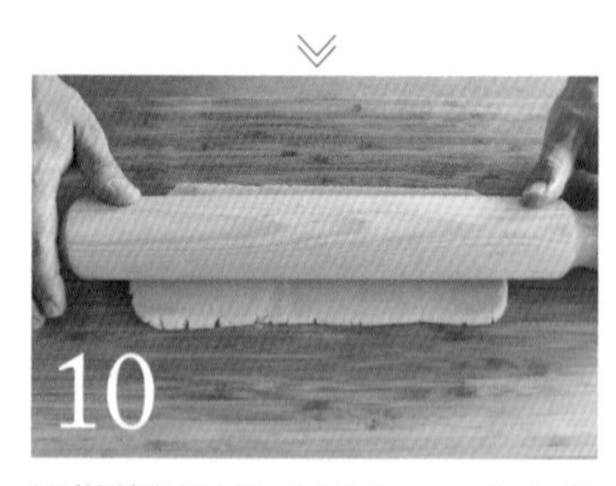

以擀麵棍延展成厚度5mm左右的長方形。麵團變軟時，再次置於冷藏室裡冷卻。

配合烤模側邊的高度裁切麵團。

用毛刷沾取牛奶塗抹於鋪底麵團和烤模底部的接合處。

如圖所示，將**11**步驟中裁切的麵團和**12**接合在一起，用手指輕壓使兩塊麵團黏合在一起。

用菜刀切割突出於烤模上緣的麵團。在製作奶油餡的期間，先將麵團置於冷凍庫裡變硬。至於剛才切割下來的剩餘麵團烤成餅乾也非常好吃。

製作奶油餡

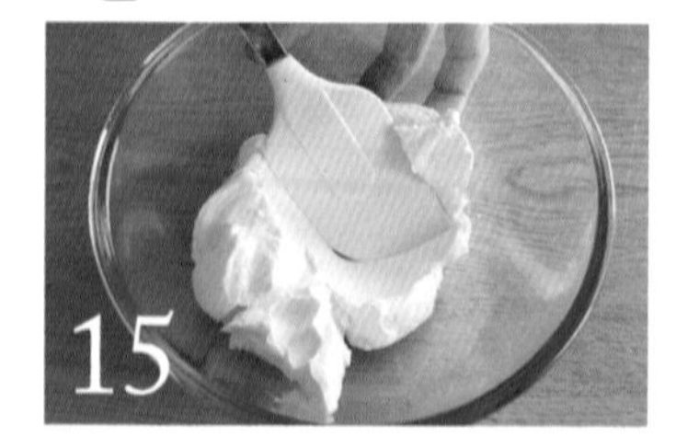

將恢復常溫的奶油起司倒入攪拌盆中，以橡皮刮刀攪散。

將精白砂糖倒入**15**裡面，再次以橡皮刮刀攪拌混合在一起。

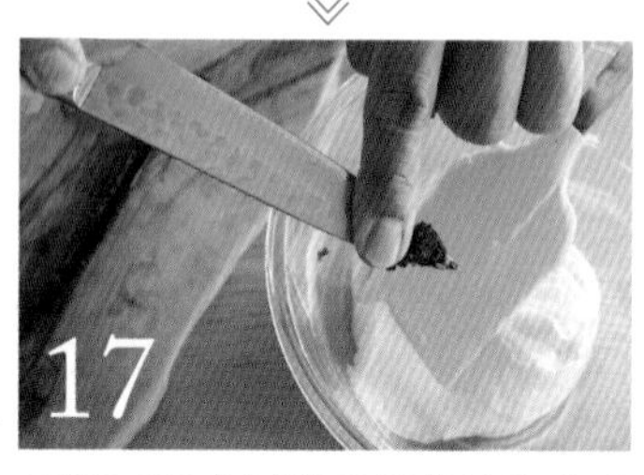

以菜刀對半剖開香草莢並取出香草籽。將香草籽放入**16**裡面，充分攪拌均勻。而香草莢可活用於製作其他甜點。

將無糖優格倒入**17**裡面，充分混合均勻。開始預熱烤箱至140度C。

step 3 烤焙

C材料倒入攪拌盆中，用打蛋器充分混合均勻。小心不要打出氣泡。

將19倒入18裡面。

充分攪拌均勻，同樣小心不要打出氣泡。

將21的奶油餡倒入14裡面。

放入預熱140度C的烤箱中烤焙40分鐘左右。烤盤前後對調後再烤焙30分鐘左右。

出爐後置涼。

冷卻到可以用手直接觸摸時，進行脫模作業。剛出爐即脫模的話容易造成變形，務必冷卻至常溫後再脫模。

覆蓋保鮮膜，但留意勿接觸到表面，靜置於冷藏室一晚就完成了。

no.17

Misérable

使用達克瓦茲杏仁蛋白餅麵團製作

悲慘世界蛋糕

法語Miserable是「貧窮、悲慘」的意思。
據說在牛奶價格居高不下的時代裡，只能用便宜的水製作英式蛋奶醬，
因此取名悲慘世界蛋糕。奶油霜不會過於濃膩，
製作出來的蛋糕口感輕盈且又有質感，是一款相當受到大家歡迎的甜點。

所需時間
2小時45分鐘 ＋凝固一晚

材料《16cm×16cm烤模1個分量》

◆達克瓦茲杏仁蛋白餅麵糊

A
- 杏仁粉 ••• 145g
- 糖粉 ••• 90g
- 低筋麵粉 ••• 25g

蛋白 ••• 180g
精白砂糖 ••• 60g

◆香草奶油霜

B
- 精白砂糖 ••• 70g
- 水 ••• 50g
- 香草莢 ••• 1/2枝（已經沒有香草籽的香草莢也可以）

蛋黃 ••• 2顆
無鹽奶油 ••• 170g

糖粉 ••• 適量
可可 ••• 依個人喜好添加

準備

• 奶油霜的美味與否取決於奶油，建議使用艾許奶油等奶味香濃的奶油〔a〕。
• 蛋白置於冷藏室充分冷卻備用。
• 製作奶油霜之前，先將奶油切薄片並恢復常溫備用〔b〕。
• 為了方便倒入麵糊，先使用烘焙紙製作烤模（參照下圖）備用。麵糊出爐時的大小約為18cm×34cm，所以山摺的高度約為2cm，畫好參考線後折成烤模〔c〕。
• 烤箱預熱至190度C備用（於步驟1開始預熱最為理想）。

a

b

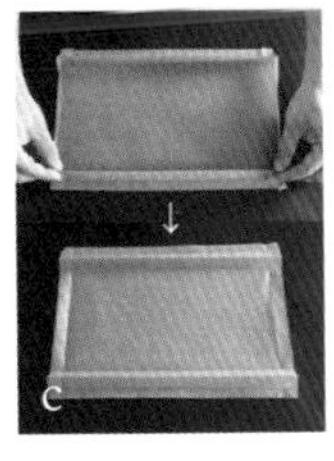
c

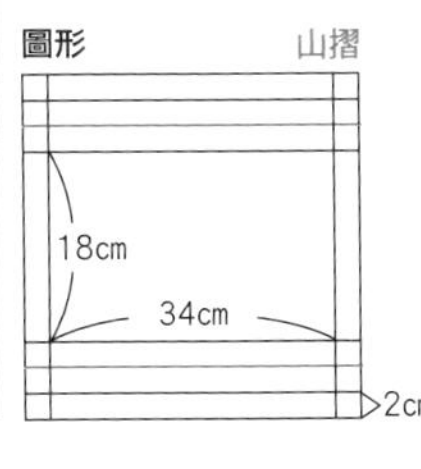

step 1 製作達克瓦茲杏仁蛋白餅麵糊

1

同製作達克瓦茲杏仁蛋白餅（P.56）的步驟**20～24**。雖然分量不同，但步驟相同。開始預熱烤箱至190度C。

2

將**1**倒入鋪好烘焙紙烤模的烤盤上，並用刮板抹平。

3

放入預熱190度C的考箱中烤焙12～13分鐘。

4

出爐後置涼備用。

step 2 製作英式蛋奶醬

5

B材料倒入鍋裡，以中火加熱。使用已取出香草籽的香草莢。在精白砂糖完全溶解之前，偶爾攪拌一下，然後加熱至快沸騰。

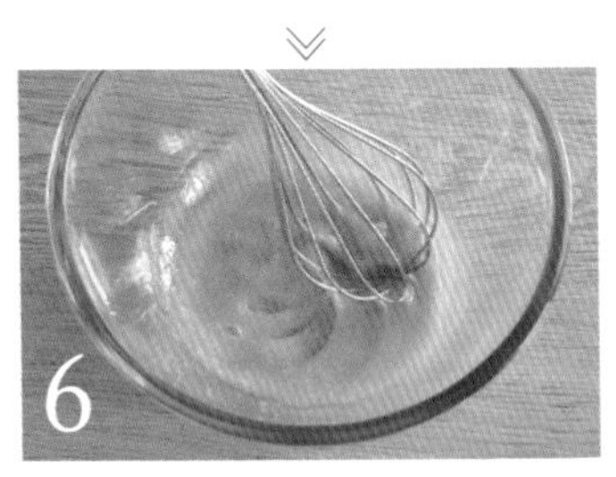
6

蛋黃倒入攪拌盆中攪拌均勻。

7

將沸騰的**5**分5次倒入**6**裡面，每次都要充分混合均勻。

少量逐次添加的訣竅

起初只倒入極少量的蛋液並充分拌勻，之後慢慢增加，同樣充分攪拌均勻。務必於糖漿冷卻後再倒進去，否則容易造成蛋液凝固。而每一次的充分混合均勻是最重要的關鍵。

將7過篩至鍋裡。

將8充分混合均勻，以小火加熱並隨時量測溫度，直到溫度達82～84度C。

將9移至容器中，冷卻備用。

step 3 製作香草奶油霜

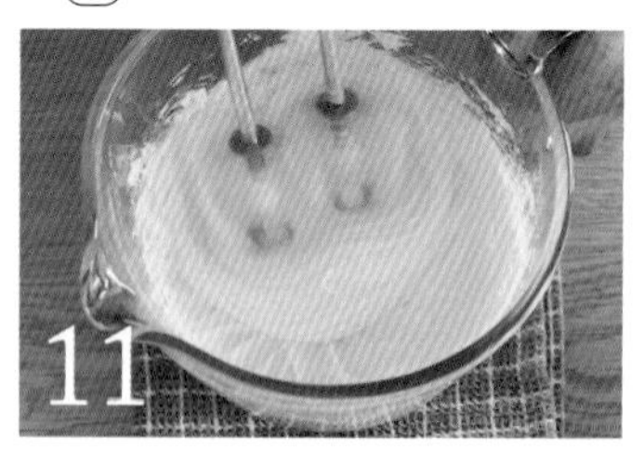

以電動打蛋器將恢復室溫備用的無鹽奶油打發至顏色偏白的鮮奶油狀。

冬季時可以配合隔水加熱，加速打發成鮮奶油狀。但注意過度隔水加熱可能會導致奶油融化。務必隨時視情況調整加熱時間。

10的溫度下降至23度C左右時，用電動打蛋器攪拌一下，然後加入12裡面。

必要時隔水加熱

攪拌過程中同時準備好熱水，可邊攪拌邊隔水加熱。同樣注意勿讓奶油融化。

攪拌至均勻、滑順且呈鮮奶油狀，香草奶油霜大功告成。

step 4 收尾

將4的蛋糕體切成16cm×16cm大小，共2片。

將圍邊膜套在烤模裡。配合烤模長度事先摺好摺痕，套進烤模時會更加方便且順手。

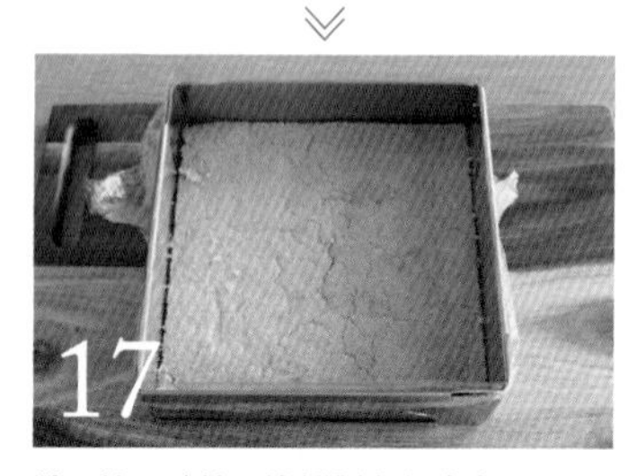

將1片15的蛋糕體鋪在底部。

將14的奶油霜塗抹在蛋糕體上，以抹刀等抹平奶油霜。

18 上面再鋪一片麵團。

用手輕輕壓平。

覆蓋保鮮膜，置於冷藏室裡一晚使其變硬。

脫模並取下圍邊膜。覺得四個邊角不夠整齊時，可以用菜刀修飾一下。

在 **22** 上面撒糖粉。

再次以抹刀等輕輕壓平。

整體再撒上一層糖粉。

依個人喜好撒可可粉作為裝飾。

完成。

no.18

Canelé pound cake style

使用磅蛋糕烤模製作

可麗露

多數人普遍認為製作可麗露是一件複雜且困難的事，
但其實透過減少材料和簡化步驟就可以輕鬆完成。
正統的製作方法是使用可麗露銅模，
但銅模要價不菲，所以我嘗試使用磅蛋糕烤模來製作可麗露。
此外，這次介紹的食譜將充滿蘭姆酒和香草的濃郁香氣。

所需時間
2小時5分鐘 ＋ 靜置一晚發酵

材料《19cm×9cm磅蛋糕烤模1個分量，直徑5.5cm高5cm可麗露烤模2個分量》

A
- 牛奶 ••• 375g
- 精白砂糖 ••• 80g
- 無鹽奶油 ••• 35g
- 香草莢 ••• 1/3枝

- 蛋黃 ••• 3顆
- 精白砂糖 ••• 80g
- 低筋麵粉 ••• 90g
- 蘭姆酒 ••• 15g
- 無鹽奶油（烤模用）••• 適量

鍋裡放入A材料，以中火加熱。加熱至奶油融化且冒出氣泡（約75度C）。取出香草莢中的香草籽，連同香草莢一起放入鍋裡。

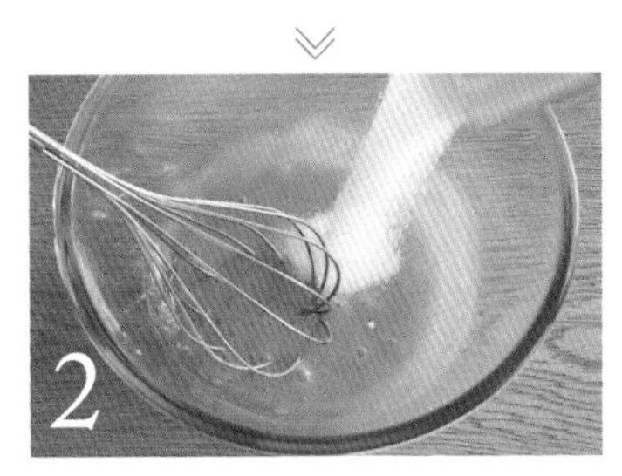

攪拌盆裡倒入蛋黃和精白砂糖，充分混合均勻。

以打蛋器充分攪拌1，取一半分量倒入2裡面。

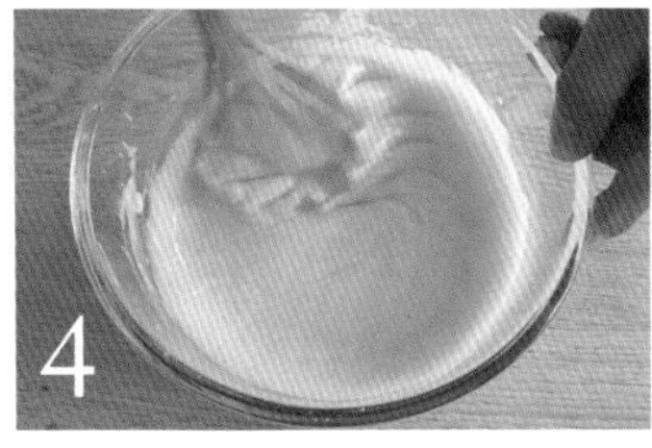

過篩低筋麵粉至3裡面，以打蛋器攪拌至沒有結塊。但注意勿攪拌過度，才能避免產生麵筋。

將1的另外一半也倒入4裡面並充分拌勻。

以篩網過篩5，去除結塊麵粉。

以保鮮膜確實密封6，稍微放涼後置於冷藏室一晚發酵。將香草莢一起放入發酵，可以讓香氣更加濃郁。

開始預熱烤箱至180度C。讓靜置一晚的7恢復室溫後再輕輕攪拌，確認完全沒有結塊麵粉。取出香草莢。還有結塊麵粉殘留時，再次進行過篩作業。

將蘭姆酒倒入8裡面，攪拌均勻。

烤模塗刷無鹽奶油備用，將恢復室溫的9倒入烤模中，約7分滿。先烤焙30分鐘左右，烤盤前後對調後再烤40～50分鐘。出爐後稍微放涼，脫模後繼續置涼。

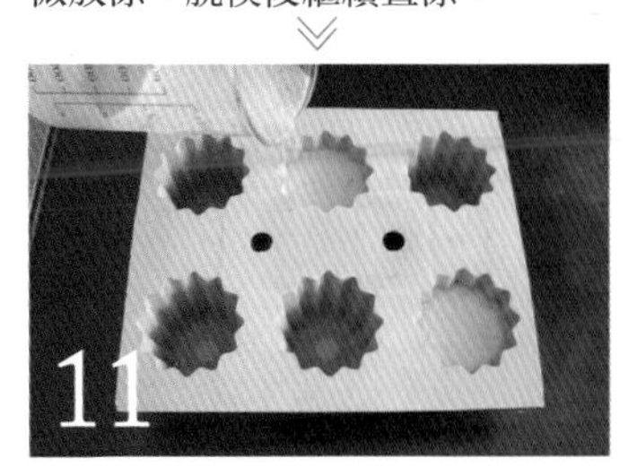

將剩餘的麵糊倒入可麗露烤模中，每個約70g。放入預熱至180度C的烤箱中烤焙30分鐘左右，烤盤前後對調後再繼續烤焙30分鐘左右。

Gâteau Basque

使用布列塔尼酥餅麵團製作

巴斯克蛋糕

巴斯克蛋糕是法國巴斯克地區的傳統甜點，
使用布列塔尼酥餅（P.26）的麵團製作而成。
先鋪一層厚厚的蓬鬆麵團，再倒入卡士達醬，
放入烤箱便能烤焙出美味的巴斯克蛋糕。
可依個人喜好添加柳橙或檸檬皮，增加新鮮爽朗口感。

所需時間
3小時50分鐘 ＋3小時發酵 10分鐘乾燥

材料《直徑15cm×高5cm圓形烤模1個分量》

◆法式鹹可麗餅麵團

A
- 中筋麵粉 ••• 160g×2
- 糖粉 ••• 50g×2
- 杏仁粉 ••• 40g×2
- 發粉 ••• 3g×2

B
- 無鹽奶油 ••• 70g×2
- 有鹽奶油 ••• 60g×2

蛋黃 ••• 2顆×2

手粉（高筋麵粉）••• 適量
牛奶（黏著麵團用）••• 適量

◆卡士達醬

C
- 牛奶 ••• 180g
- 鮮奶油（35%）••• 45g
- 精白砂糖 ••• 25g
- 香草莢 ••• 1/2枝

D
- 精白砂糖 ••• 20g
- 蛋黃 ••• 3顆

E
- 玉米澱粉 ••• 15g
- 低筋麵粉 ••• 6g

◆增加光澤的蛋液

F
- 蛋黃 ••• 1顆
- 牛奶 ••• 20g

準備

- 過篩糖粉，去除結塊〔a〕。
- 奶油切成骰子狀，置於冷藏室裡冷卻備用〔b〕。
- 配合模具側邊的高度裁切烘焙紙備用〔c〕。
- 烤箱預熱至160度C備用（於步驟26開始預熱最為理想）。

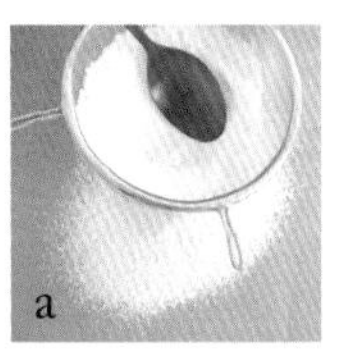
a

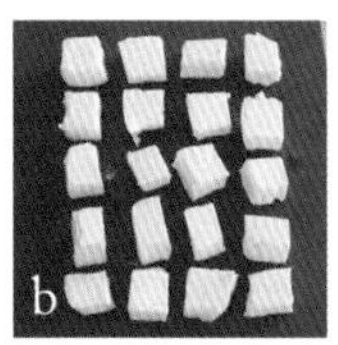
b

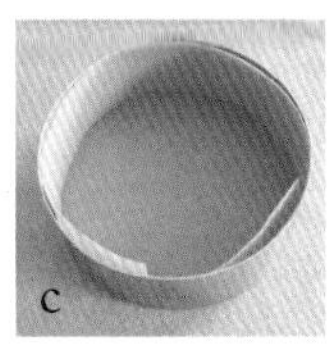
c

step 1 製作法式鹹可麗餅麵團

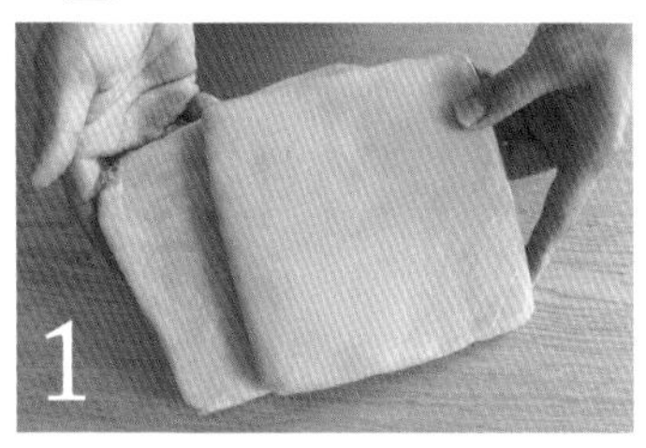
1

同製作布列塔尼酥餅（P.26）的步驟1～5（由於分量多，分2次製作）。厚度約1.5cm。

step 2 製作卡士達醬

2

鍋裡倒入C材料，以小火加熱。取出香草莢中的香草籽，並將兩者都放入鍋裡。偶爾攪拌一下，加熱至沸騰前。

3

D材料放入攪拌盆中，以打蛋器充分攪拌至顏色偏白。

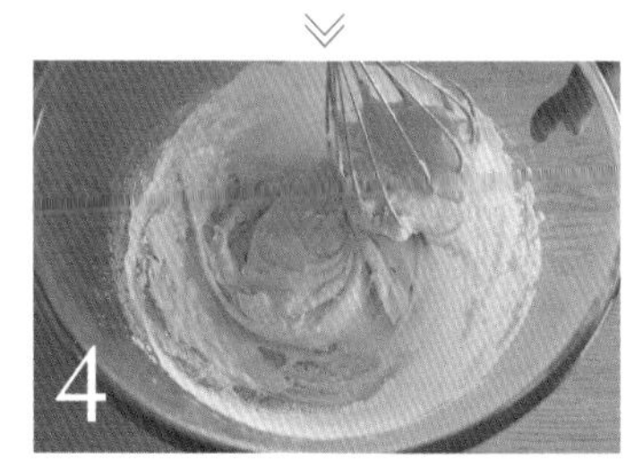
4

過篩E至3裡面，充分拌勻。

5

拌勻的同時慢慢將2倒入4裡面。

6

用篩網過篩5至鍋裡，以中火加熱。

7

以打蛋器將6混合均勻。開始出現黏稠感且鍋底冒出蒸氣時關火。變黏稠後會逐漸變硬，所以務必使用打蛋器持續攪拌。

8

移至平底容器中並用保鮮膜覆蓋密封，放涼備用。

step 3 組合蛋糕

砧板上撒手粉，然後以擀麵棍延展**1**的麵團。延展至約1.5cm的厚度。

以直徑15cm的圓形圈模壓模。

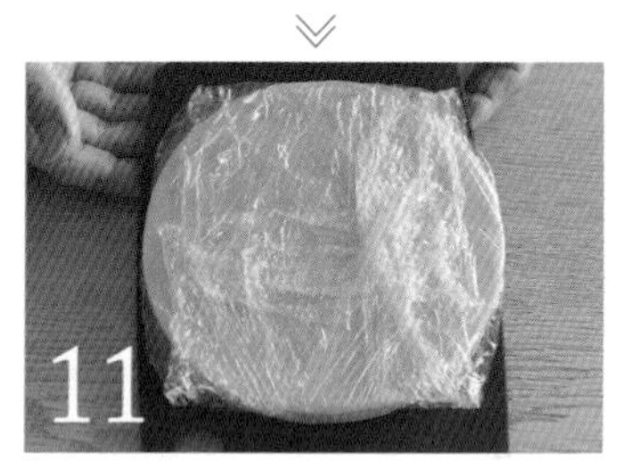

用保鮮膜包覆**10**並放入冷藏室備用。

重覆步驟**9**、**10**，同樣以直徑15cm的圓形圈模再壓模一片基底麵團。

將直徑15cm的圓形圈模置於烘焙紙上，並且鋪好先前裁切備用的側邊烘焙紙。接著將**12**的麵團擺在圈模底部。

將**10**和**12**步驟中剩餘的麵團揉在一起。

邊撒手粉邊以擀麵棍延展成1.5cm厚度的長方形。

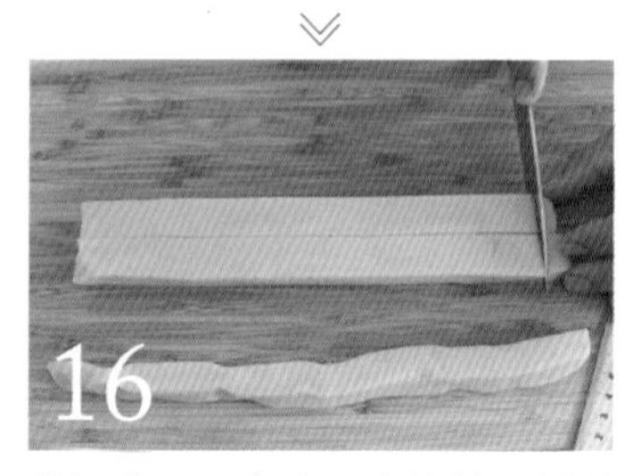

裁切成2cm高度，之後鋪在烤模側邊。

以毛刷沾取牛奶塗刷在鋪底麵團和烤模底部的接合處。

如圖所示，將**16**步驟中裁切的側邊麵團鋪在烤模內側，用手指輕壓使兩塊麵團黏合在一起。

對側也是同樣作法。

step 4 烤焙

8放涼且降溫至室溫左右時，填入擠花袋並以繞圈方式擠在19裡面。

輕敲烤模底部，以橡皮刮刀抹平奶油醬。盡量將所有空隙填滿。

取牛奶塗抹在法式鹹可麗餅麵團的接縫上。

將11蓋在上面，輕壓麵團使其和奶油醬貼合在一起。

製作增加光澤的蛋液。F材料倒入攪拌盆中，充分混合在一起。

以毛刷沾取24塗抹在23上面，靜置於冷藏室5分鐘左右使表面變乾。

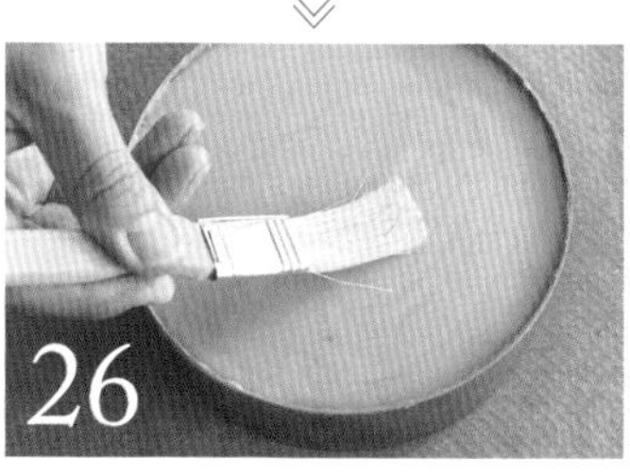

再次取增加光澤的蛋液塗抹在25上面，同樣靜置於冷藏室5分鐘左右使表面變乾。開始預熱烤箱至160度C。

用叉子在26上面描繪花紋。

放入預熱至160度C的烤箱中烤焙40分鐘左右，烤盤前後對調後再繼續烤焙10分鐘左右。

出爐並稍微放涼，脫模後就完成了。

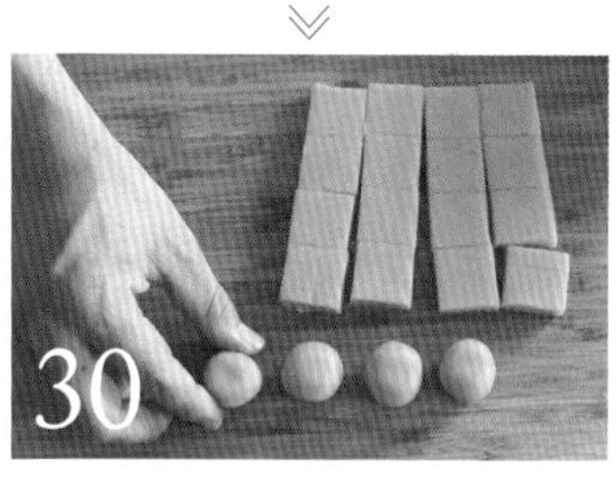

將步驟16剩餘的麵團切塊，然後用手揉成圓形。

同製作布列塔尼酥餅的步驟進行烤焙（基本上以預熱150度C的烤箱烤焙40分鐘左右。視大小進行調整）。小餅乾既美味又有趣。

no.20

Melo cake

活用壓模餅乾製作

棉花糖夾心蛋糕

在日本鮮為人知的棉花糖夾心蛋糕，
其實是一種以巧克力包覆蓬鬆柔軟棉花糖的甜點。
每個比利時人都喜歡吃棉花糖夾心蛋糕，
是相當受到歡迎的甜點。
柔軟棉花糖搭配酥脆餅乾，這可說是我引以為傲的自信之作。

所需時間
4小時40分鐘 ＋ 30分鐘發酵 靜置1天冷卻

材料《直徑5cm約15個分量》

〔3種口味材料皆相同（壓模餅乾）〕

A | 中筋麵粉 ••• 190g
  | 糖粉 ••• 70g

B | 無鹽奶油 ••• 60g
  | 有鹽奶油 ••• 60g

蛋黃 ••• 1顆

手粉（高筋麵粉）••• 適量

〔香草口味（15個分量）〕

生可可脂 ••• 10～15g ⓐ

甜味黑巧克力（餅乾披覆用）••• 200g

X | 冷水 ••• 17.5g
  | 明膠粉 ••• 3.5g

Y | 精白砂糖 ••• 140g
  | 水 ••• 50g
  | 水飴 ••• 15g
  | 香草莢（只使用香草籽）••• 1/4枝

Z | 蛋白 ••• 80g
  | 檸檬汁 ••• 3.5g

甜味巧克力（收尾披覆用）••• 400g

生可可脂 ••• 20～30g ⓑ

〔百香果口味（15個分量）〕

生可可脂 ••• 10～15g ⓐ

白巧克力（餅乾披覆用）••• 200g

X | 冷水 ••• 17.5g
  | 明膠粉 ••• 3.5g

Y | 百香果泥 ••• 100g
  | 精白砂糖 ••• 90g
  | 水飴 ••• 15g

Z | 蛋白 ••• 80g
  | 檸檬汁 ••• 1g

生可可脂 ••• 20～30g ⓑ

白巧克力（收尾披覆用）••• 400g

果乾（木瓜或芒果等）••• 適量

〔覆盆子口味（15個分量）〕

生可可脂 ••• 10～15g ⓐ

紅寶石巧克力（餅乾披覆用）••• 200g

X | 冷水 ••• 17.5g
  | 明膠粉 ••• 3.5g

Y | 覆盆子泥 ••• 100g
  | 精白砂糖 ••• 90g
  | 水飴 ••• 15g

Z | 蛋白 ••• 80g
  | 檸檬汁 ••• 2g

生可可脂20～30g ⓑ

紅寶石巧克力（收尾披覆用）••• 400g

冷凍果乾（覆盆子或草莓等）••• 適量

準備

• 製作3種口味各15個（共45個）時，需要分2次進行壓模餅乾（P.12）的步驟1～7〔a〕。

• 製作棉花糖夾心蛋糕時，最重要的關鍵是準備棉花糖的時機。建議事先準備好器具配置、材料量測，以及先在腦中模擬一遍。

• 以香草口味的step1～4為基本作法。基本上，百香果口味和覆盆子口味的製作方法同香草口味，但step3中，各自以不同口味的水果泥取代水，而且調溫的溫度也不一樣。

• 調溫時，取器具放入溫熱的烤箱中，並稍微開啟烤箱門。這樣能使巧克力不會立刻變硬，也才能提高作業效率（建議於step1烤焙完餅乾後放進去）〔b〕。

• 烤箱預熱至140度C備用（於步驟2開始預熱最為理想）。

a

b

step 1 烤焙餅乾

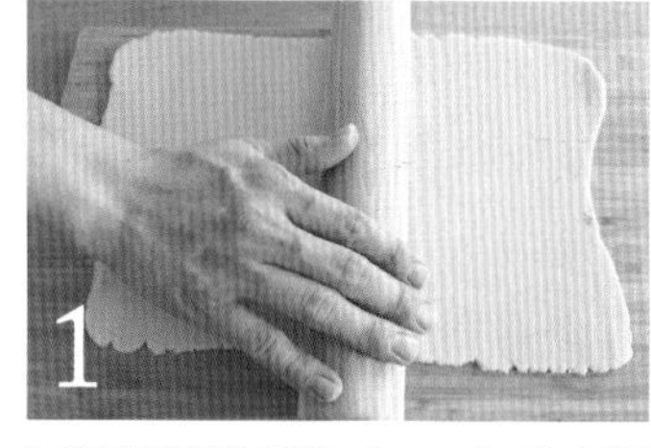
1

同製作壓模餅乾（P.12）的步驟1～7。製作3種口味各15個（共45個）時，步驟1～6需要分2次進行。

2

開始預熱烤箱至140度C。延展至約5mm厚度後，以直徑5cm壓模壓出15片麵團。

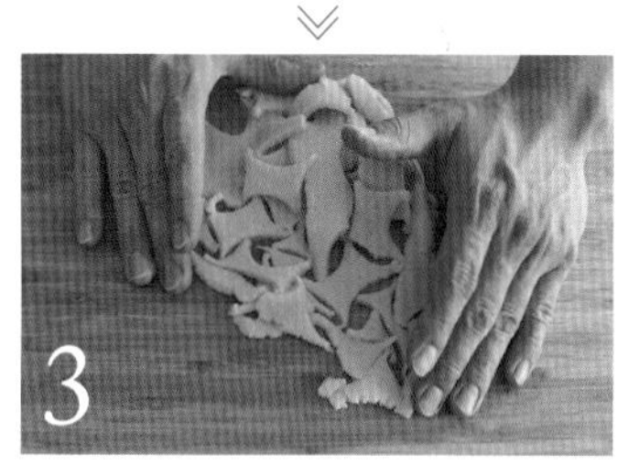
3

將步驟2剩餘的麵團揉在一起。剩餘麵團也能製作成壓模餅乾。

麵團變軟時

麵團變軟時不容易成型，請先用保鮮膜包覆並靜置於冷藏室中。

step 2 餅乾淋上巧克力醬

step 3 製作棉花糖

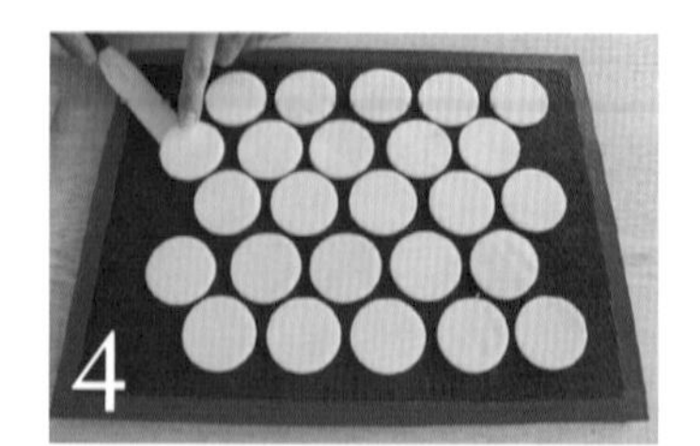

4

將烘焙墊鋪在烤盤上，然後將麵團排列於烘焙墊上。

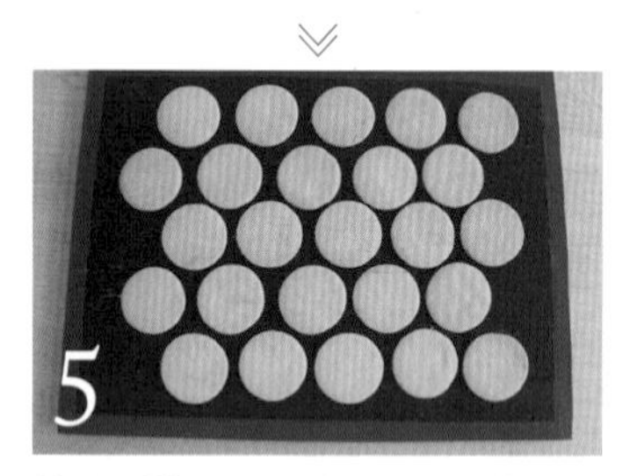

5

放入預熱至140度C的烤箱中烤焙30分鐘左右（為避免斑駁不均勻，約20分鐘後將烤盤前後對調，然後繼續烤焙10分鐘左右）。出爐後置涼備用。

6

將生可可脂ⓐ倒入鍋裡，加熱融化。靜置一旁讓溫度下降至34～35度C，然後放入餅乾披覆用的巧克力，充分攪拌均勻（調溫方法請參照P.103）。

調整生可可脂量

觀察巧克力的流動性，略顯濃稠時，請增加生可可脂量。另外，特別留意調溫時若過度攪拌會導致巧克力醬變濃稠。建議將調溫後的巧克力醬置於保溫在30度C左右的烤箱裡。

7

將**6**淋在**5**上面。排列於鋪有OP薄膜的砧板上，並置於陰涼處讓巧克力凝固。

8

家裡沒有OP薄膜的話，可以使用保鮮膜或烘焙紙代替，但要留意可能會破裂。建議一次淋醬15個左右就好。

9

充分攪拌X材料，置於冷藏室使其充分吸水膨脹。

10

Y材料倒入鍋裡，以小火加熱並慢慢攪拌。為避免燒焦，留意不要讓精白砂糖黏在鍋壁上。砂糖溶解後請勿一直攪拌。

關於香草莢（香草口味）

用菜刀對半剖開香草莢，從頭部刮至尾部取出香草籽。

11

10的精白砂糖溶解並開始冒泡，溫度會慢慢上升至110度C。

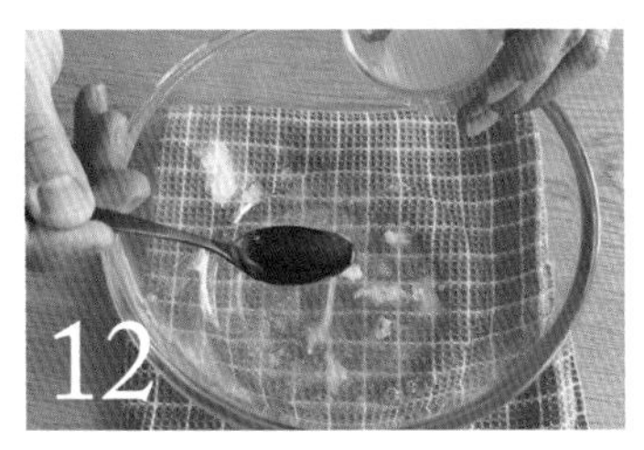

與11的作業同時進行（等待溫度上升期間），將乙材料放入攪拌盆中。

11超過100度C後，以電動打蛋器開始打發12。單手測溫度，單手繼續打發，或者找人一起幫忙。

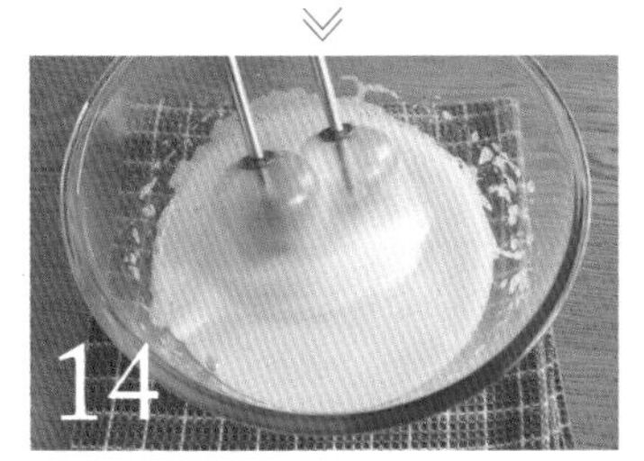

如照片所示，打發至變白且呈鬆軟狀，靜置一旁等鍋內溫度上升至110度C。

鍋內溫度達110度C後，慢慢注入14裡面且再次以電動打蛋器打發。打發至非常細嫩、鬆軟且尖角挺立的蛋白霜。

繼續以電動打蛋器打發，讓溫度下降至人體皮膚的溫度（35～37度C）。

以500W微波爐加熱9使其融化，大約10秒鐘（不要包覆保鮮膜）。然後加入16裡面，並再次以電動打蛋器打發。

將17置於陰涼處（冷氣運轉的室內），繼續以電動打蛋器打發使溫度下降至20度C左右。

溫度下降至20度C後，利用明膠讓蛋白霜更紮實。

製作百香果口味時，於步驟10中以百香果泥取代水。另外，在步驟11中讓溫度上升至108度C。加熱時務必特別留意，因為果泥比水更容易燒焦。

製作覆盆子口味時，於步驟10中以覆盆子泥取代水。另外，在步驟11中讓溫度上升至108度C。加熱時務必特別留意，因為果泥比水更容易燒焦。

將**19**的蛋白霜填入擠花袋中。接著將步驟**8**中披覆巧克力醬的餅乾連同OP透明薄膜移至砧板上。

在**22**上面擠**19**的蛋白霜。

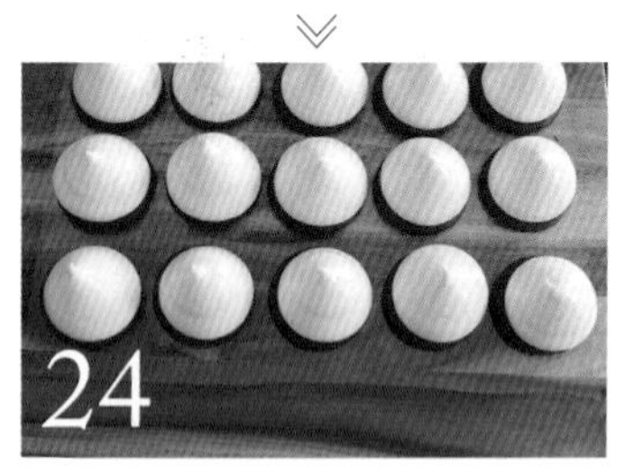

將**23**置於冷藏室1天。蛋白霜凝固成棉花糖。

將**24**排列於網架上。這時OP透明薄膜可暫時繼續鋪在砧板上備用。另外，網架下方也鋪一層OP透明薄膜，事後整理時更加輕鬆。

由於自冷藏室取出的棉花糖還帶有濕氣，先暫時置於室溫涼爽的地方（冬季置於通風處，夏季置於冷氣運轉的室內）30分鐘左右。

將使用鍋子加熱融化的生可可脂Ⓑ（調溫至34～35度C）倒入披覆用的巧克力醬裡面，混合均勻後淋在**26**上面。

調整生可可脂量

觀察巧克力的流動性，略顯濃稠時，請增加生可可脂量。另外，特別注意調溫時若過度攪拌會導致巧克力醬變濃稠。

將**27**排列在鋪有OP透明薄膜的砧板上，置於涼爽處讓巧克力凝固。

以同樣步驟完成百香果口味後，擺放果乾作為裝飾，待凝固後就大功告成了。

以同樣步驟完成覆盆子口味後，擺放冷凍草莓果乾和覆盆子果乾作為裝飾，一樣也是凝固後就完成了。

披覆用巧克力醬沒有全部使用完畢時，可以用OP透明薄膜將巧克力壓成薄膜狀，凝固後就是美味的巧克力片。

淋醬時滴落於網架下方的巧克力醬也可以直接凝固成巧克力片。撒上果乾或烘烤過的堅果（分量外）也十分美味。

享受手工烘焙樂趣的訣竅

以微波爐進行調溫

學會調溫方法，在家也能做出美味巧克力。

接下來為大家介紹使用微波爐調溫的方法。

巧克力倒入耐熱攪拌盆中（這次使用300g的巧克力）。若使用片狀巧克力，請事先用菜刀切細碎。

將耐熱攪拌盆置於微波爐正中央，不覆蓋保鮮膜。以500W加熱，每次30秒，漸進式地融化巧克力。

這次使用300g巧克力，但大家使用的巧克力量如果比較少，加熱時間改為每次10～15秒，然後視情況逐次增加次數。

以500W加熱，每次30秒左右，重覆數次。每次加熱前都稍微搖晃一下攪拌盆，讓盆內巧克力移動位置。

加熱第1～2次時，巧克力的變化可能還不明顯，但第3～4次開始，巧克力逐漸融化且結合在一起。

加熱第5～6次時，中間部位的巧克力開始融化。這時候測量一下溫度。

中心溫度超過35度C，周圍溫度達30度C上下時，靜置5分鐘左右，透過餘溫繼續融化巧克力。

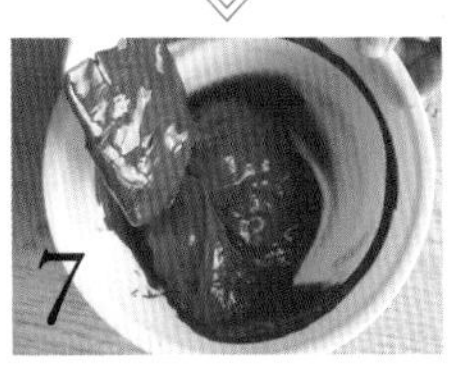

約5分鐘後，以橡皮刮刀緩慢地大幅度攪拌。

粗魯攪拌是大NG。不僅容易形成過多的結晶體，也會讓巧克力變得濃稠而不好處理。為了保持巧克力的流動性，攪拌動作務必緩慢輕柔。

利用餘溫融化所有巧克力，再次測量溫度。確認溫度下降至34度C以下，調溫作業順利完成。

還沒完全融化的情況下，再次以微波爐加熱，每次10秒，視情況增加次數。注意溫度不可超過34度C，超過代表調溫失敗。

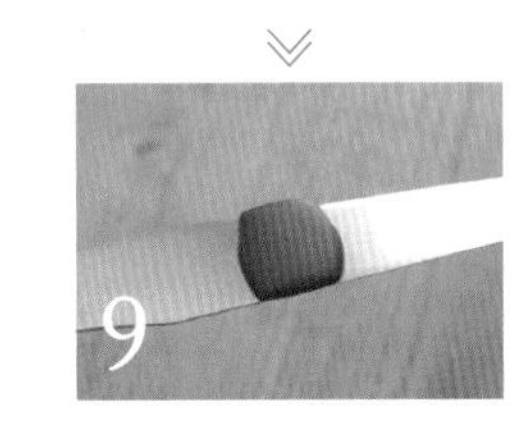

取巧克力滴在菜刀上，沒有變白且5分鐘左右順利凝固，代表調溫成功。於室溫（20度C左右）下確認最為準確。

Column 3

關於比利時的故事

比利時人與工作

比利時人和日本人對工作的態度相去甚遠。日本人常被認為是「為工作而工作」，而比利時人則是「為生活而工作」。

當我決定前往比利時，我曾詢問旅法堂哥的意見。對於神經緊繃，整天緊張兮兮的我，堂哥給我的建議是「不要那麼緊張，放輕鬆就不會有問題」。他還說「你之前在日本拼了命地努力工作，到比利時之後，最好開始學習『如何愉快地工作』」。當我實際前往比利時之後，我終於明白堂哥對我說的那番話。

法律規定多少正常工作時間，比利時人就工作多少時間，但在日本的話，特別是匠人世界裡，通常都有「加班是一種修練」的不成文規定。現實生活中，甜點師要擁有一技之長，必須有一定程度的自主練習。但對比利時人來說，這種作法極為沒有效率。實際與比利時人一起工作後，會發現他們在工作時間內做起事來真的既合理又高效率。究竟該怎麼做才能在法定工作時間內，拼命完成所有工作呢（笑）。仔細觀察他們的工作態度，實在難以否定日本人做事沒效率這句話。

舉例來說，下班時間到了，但使用器具還沒全部清洗完畢，日本人通常會覺得自己有責任全部做完，但在工作時間明文規定的比利時，多數甜點師會另外雇用專門清洗器具的兼職人員。也就

每到中午休息時間，常見身穿西裝的上班族躺在公園裡小憩。工作繁忙時，有些人吃個三明治簡單解決午餐，而有些人則選擇到餐廳好好吃一頓，這些都是極為稀鬆平常的景象。不像日本，比利時其實沒有太多提供類似簡餐的店家（家庭餐館）。

是說，比利時的甜點師不會在下班後繼續留下來完成清洗工作，而是完成自己分內工作後，時間一到即下班走人。

比利時人不喜歡浪費時間，他們向來有極為明確的目標。例如「清洗器具並非自己的工作，所以不做。而且既然有人靠清洗器具賺錢，本該由那個人負責……」像這樣彼此各司其職，做起事來更有效率。

另一方面，對比利時人而言，休息時間就是完全關機。因此不少人在午休時間就喝起啤酒。不像日本上班族「活著是為了下班後好好享受一杯冰啤酒」的想法，比利時人除了工作時間，無論白天或晚上，隨時隨地都在喝啤酒。對他們來說，喝啤酒像是喝白開水，有時啤酒甚至比水還便宜。

工作與休息，公私分得一清二楚，這是歐洲高效率的工作方式。不過老實說，直到現在，我還是不太習慣……。我個人覺得還是有許多地方值得日本人學習，但長年在日本工作的人可能難以接受吧（笑）。

常聽人說「比利時人把啤酒當水喝」，或許是因為比利時啤酒的酒精濃度比日本啤酒低。比利時酒精濃度比日本啤酒低1～1.5%，相對容易入口。但比利時啤酒的品牌實在太多，多到讓人記不住……。

Chapter 4

充滿堅持的
嚴選烘焙糕點

接下來為各位仔細解說

充滿我的堅持且珍貴收藏的烘焙糕點。

除了在特別的日子裡親手製作，

贈送給最心愛的人，

平日興之所至也能隨手就做，

讓每一天都成為最美好的一天。

no.21

Salted caramel ganache sandwich cookies

鹽味焦糖
甘納許夾心餅乾

在不使用雞蛋製作的可可餅乾中夾入濃郁的鹽味焦糖甘納許，
這是筆者敢打包票的自信之作。
剛出爐時，餅乾酥脆，甘納許略微濃稠柔軟，
而靜置於冷藏室一晚後，餅乾依然酥脆，
但餅乾與甘納許的融合使口感更加滑順與美味。

所需時間
3小時10分鐘 ＋一晚又30分鐘發酵

材料《直徑4cm約30個分量》

◆鹽味焦糖甘納許

精白砂糖 ••• 40g

A
- 鮮奶油（40%）••• 80g
- 水飴 ••• 30g
- 鹽 ••• 1g

無鹽奶油 ••• 30g ⓐ

牛奶巧克力（40%）••• 85g

◆可可餅乾

B
- 低筋麵粉 ••• 170g
- 糖粉 ••• 50g
- 可可粉 ••• 12g

無鹽奶油 ••• 135g ⓑ

手粉（高筋麵粉）••• 適量

準備

• 無法一次全部烤焙完時，分2次進行也OK。建議先把部分麵團置於冷藏室裡備用。以二段式烤箱烤焙時，為避免產生不均勻的斑駁現象，烤焙過程中最好要上下對調。

• 過篩糖粉，去除結塊〔a〕。

• 將用於製作可可餅乾的無鹽奶油切成骰子狀並置於冷藏室裡冷藏備用〔b〕。

• 將巧克力切細碎備用。

• 烤箱預熱至140度C備用（於步驟18開始預熱最為理想）。

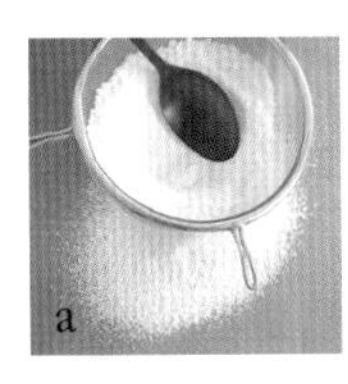
a

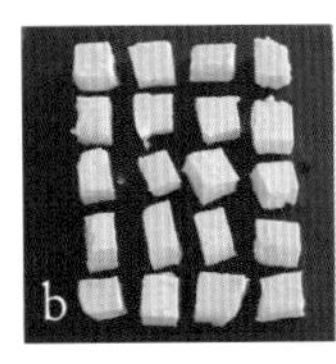
b

step 1 製作鹽味焦糖甘納許

1

以中火加熱，並將精白砂糖分5次倒入鍋裡。第1次先倒入少許砂糖就好。

嚴禁一次全部倒進去，一點一點慢慢溶解

起初只倒入一點點精白砂糖就好，溶解後再慢慢逐次增量倒入鍋裡。一次全部倒入鍋裡的話，容易因為結塊而無法溶解，也會因為加熱時間變長而造成燒焦。所以「不要著急，一點一點慢慢溶解」才是成功的捷徑。

2

1的精白砂糖溶解變透明後，倒入第2次砂糖。

維持透明狀也OK！要有耐心。

第1次倒入精白砂糖後一直維持透明狀也沒關係，之後會慢慢呈現焦糖色。這時候請勿攪拌精白砂糖，務必有耐心地等待砂糖溶解。

3

2的精白砂糖溶解後，倒入第3次砂糖。這時候可以使用木鏟輕輕攪拌精白砂糖。

逐漸變成焦糖色

從第3次開始，慢慢增量精白砂糖，顏色也會逐漸轉為焦糖色。

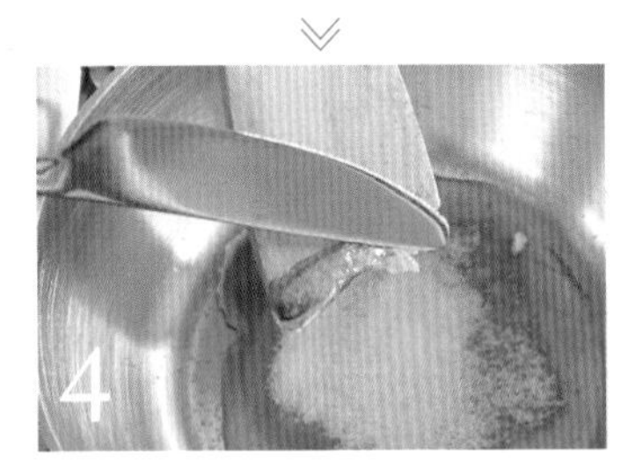
4

黏在木鏟上的焦糖隨時間經過而變硬，所以稍微變硬時，可用菜刀的刀背輕輕刮下來（之後的清潔作業也會比較輕鬆）。

5

第3次添加的精白砂糖溶解後，倒入第4次砂糖。偶爾以木鏟輕輕攪拌使砂糖溶解。

將第5次的砂糖倒入5的同時，取另外一只鍋子倒入A材料，並以小火加熱，輕輕攪拌至沸騰前。

加熱時機

最好在完成焦糖的同時將A材料加熱至沸騰前。如果提早沸騰，請先關火靜置一旁。

將最後一份精白砂糖倒入5裡面時，偶爾用木鏟輕輕攪拌使砂糖溶解。可依個人喜好調整焦糖的濃度。

將7關火，加入無鹽奶油ⓐ並充分混合均勻。

加入奶油時…

加入奶油後，焦糖化反應會立即停止，所以添加奶油之前，請先觀察焦糖的顏色，若覺得顏色太淡，再稍微熬煮一下，依個人喜好調整顏色。

將加熱至沸騰前的6分3次倒入8裡面，充分攪拌均勻。

注意飛濺！

8焦糖和6鮮奶油的溫度差異大時，容易有飛濺的危險，所以盡可能在同一時間完成焦糖製作與鮮奶油的加熱作業。

移至耐熱容器中並置於室溫下稍微放涼。移至耐熱容器前，若焦糖尚未完全溶解，再次加熱至完全溶解。

當10的溫度下降至60度C左右後，過篩注入裝有牛奶巧克力的耐熱容器中。

使用電動攪拌機確實攪拌至滑順。

移至一般容器中，蓋上保鮮膜並置於冷藏室一晚。

step 2 製作可可餅乾麵團

B材料倒入食物調理機中確實混合均勻。

將無鹽奶油ⓑ放入**14**裡面，攪拌至奶油變細碎，整體呈細片狀。注意勿過度攪拌。

取出**15**置於砧板上，用手揉和成團。起初可能有些困難，但麵糊會慢慢集結成團。

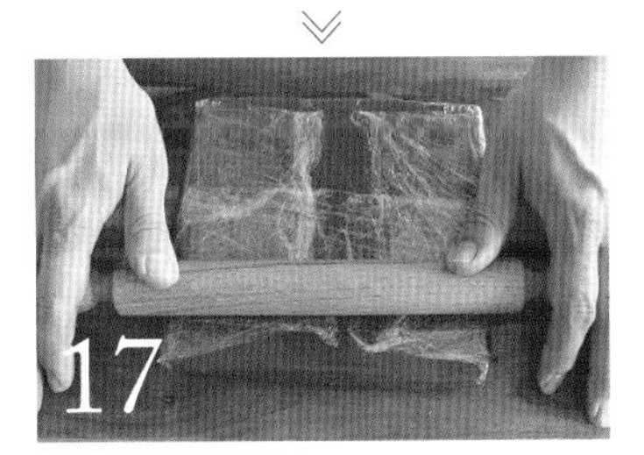

用保鮮膜將**16**包覆起來，以擀麵棍延展成長方形後置於冷藏室發酵30分鐘左右。

砧板上撒手粉，取出**17**並用擀麵棍延展成厚度約4mm的長方形。以直徑4cm的模具壓模。開始預熱烤箱至140度C。

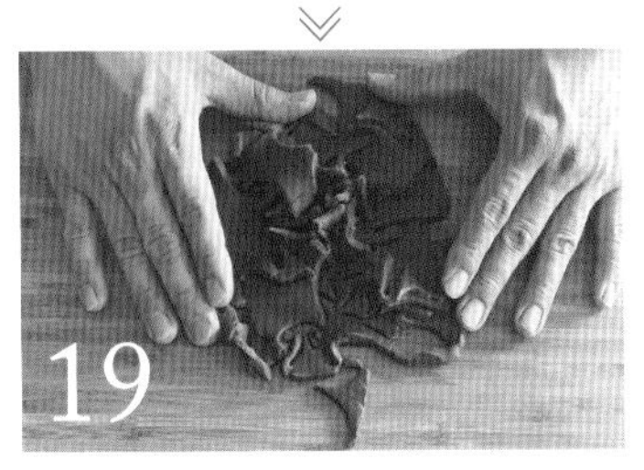

將剩餘的麵團揉在一起，再次撒手粉並以擀麵棍調整厚度，重覆壓模作業。麵團變軟時，先暫時覆蓋保鮮膜並置於冷藏室使其變硬。

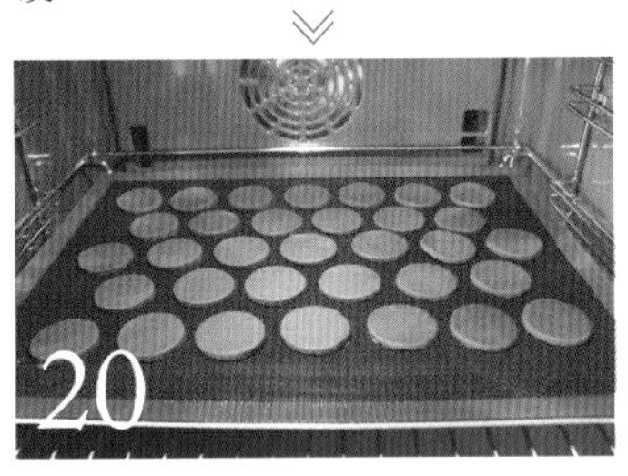

將餅乾麵團排列在鋪有烘焙墊的烤盤上，放入預熱140度C的烤箱中烤焙20分鐘左右。約12分鐘時將烤盤前後對調，然後繼續烤焙8分鐘左右。

出爐後置涼備用。

step 3 收尾

21的餅乾冷卻後，排列於砧板上。將靜置一晚的**13**甘納許填入擠花袋中。

取一半分量的餅乾，然後將甘納許擠在上面。

將另外一半分量的餅乾覆蓋於**23**上面就完成了。

剛出爐時，餅乾酥脆且甘納許濃稠柔軟。置於冷藏室一晚後，餅乾依然酥脆，但由於甘納許已經凝固，不僅方便取用，也容易包裝。也可以保存於冰箱冷藏室。

Strawberry tart

使用布列塔尼酥餅作為基底的

草莓塔

以布列塔尼酥餅（P.26）為基底，
再擠上大量草莓卡士達醬和鮮奶油。
在比利時到處可見將法式鹹可麗餅打造成蛋糕塔的甜點。
以當季水果裝飾製作創意蛋糕塔也是挺有趣的。

所需時間
4小時 ＋ 3小時發酵

材料《直徑15cm烤模1個分量，直徑8cm烤模3個分量》

◆草莓卡士達醬
草莓果泥 ••• 110g
蛋黃 ••• 2顆
精白砂糖 ••• 30g
低筋麵粉 ••• 12g

◆布列塔尼酥餅
A
中筋麵粉 ••• 160g
糖粉 ••• 80g
杏仁粉 ••• 15g
發粉 ••• 1.5g
B
無鹽奶油 ••• 70g
有鹽奶油 ••• 60g
蛋黃 ••• 1顆
手粉（高筋麵粉）••• 適量

◆增加光澤的蛋液
C
蛋黃 ••• 1顆
鮮奶油 ••• 2g
（可用1g牛奶取代，但使用鮮奶油的烤色比較漂亮）
沙拉油 ••• 適量

◆收尾
鮮奶油（35%）••• 150g
精白砂糖 ••• 15g
草莓 ••• 適量
香草植物 ••• 依個人喜好添加

準備

• 過篩糖粉，去除結塊〔a〕。
• 奶油切成骰子狀，置於冷藏室裡冷藏備用〔b〕。
• 烤箱預熱至150度C備用（於步驟14開始預熱最為理想）。

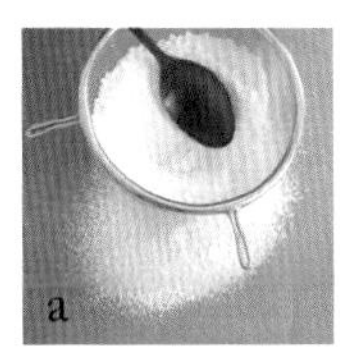
a

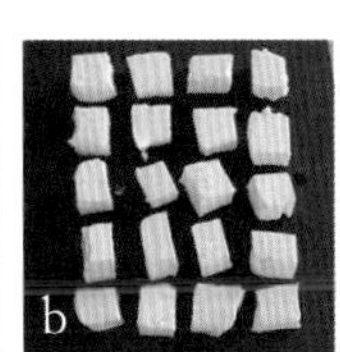
b

step 1 製作草莓卡士達醬

1
鍋裡倒入草莓果泥，以小火加熱至冒泡沸騰。

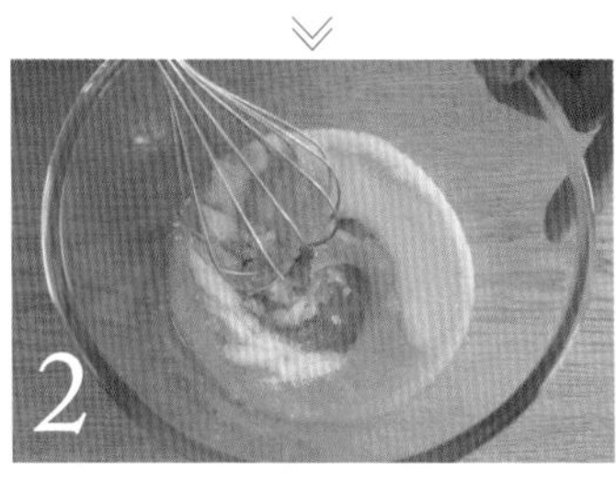
2
攪拌盆裡倒入蛋黃和精白砂糖，以打蛋器打發至整體偏白色。

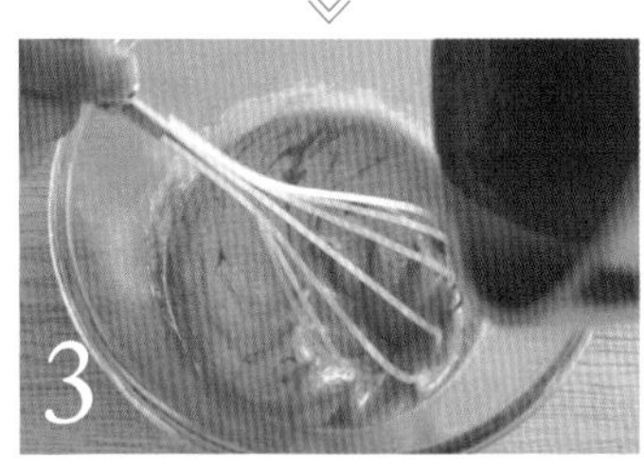
3
以打蛋器充分攪拌的同時，將1緩緩倒入2裡面。

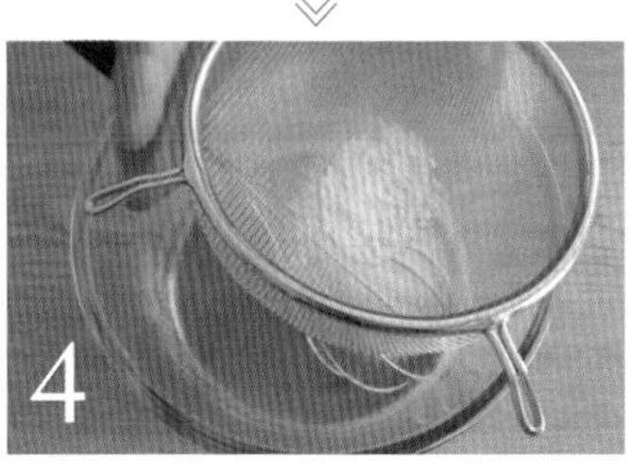
4
過篩低筋麵粉至3裡面，攪拌至無塊狀粉粒。

5
用篩網過篩4到鍋子裡。

6
以中小火再次加熱5，並持續以打蛋器攪拌均勻。為避免鍋底燒焦，訣竅在於持續不斷以打蛋器攪拌至奶油變得有韌性。

7
鍋底開始冒出蒸氣且奶油變得有韌性後就可以關火。

8
放入平底容器中，蓋上保鮮膜，不僅讓奶油扁平些，也可以加速溫度下降。稍微放涼後置於冷藏室裡冷卻。

step2 製作麵團

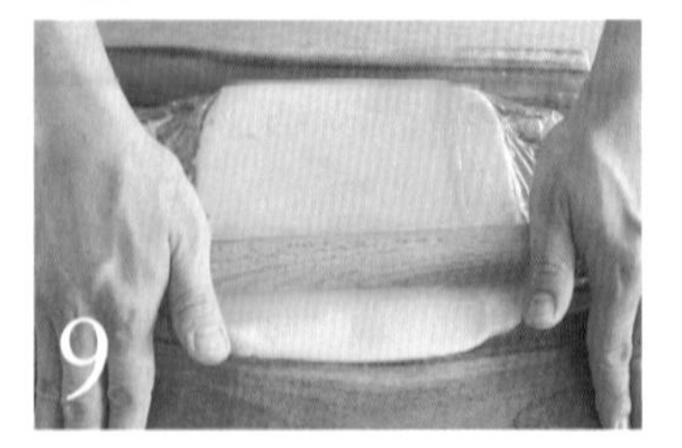

同布列塔尼酥餅（P.26）步驟1～5製作麵團。

將麵團移至砧板上，撒些手粉。

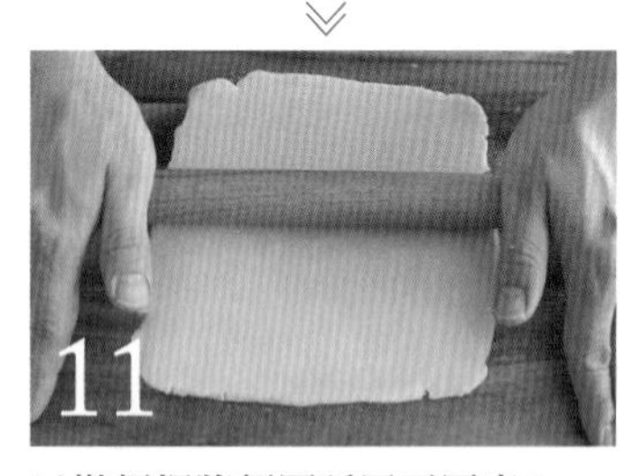

以擀麵棍將麵團延展至厚度8mm左右。

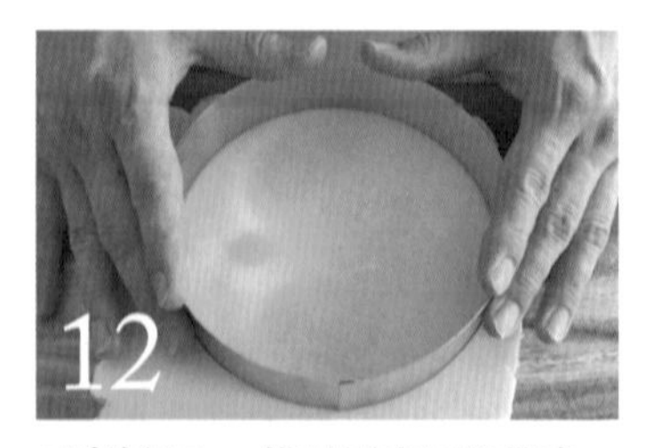

以直徑15cm模具壓出圓形麵皮，並置於鋪有烘焙墊的烤盤上。

將剩餘麵團揉在一起，撒手粉並以擀麵棍再次延展至厚度8mm左右。這次改以直徑8cm模具壓出圓形麵皮，同樣置於烤盤上。

有剩餘麵團時…

麵團小到無法壓模時，可以用手揉成球狀並做成一口餅乾。但這時麵團若變得太軟，無須著急，先用保鮮膜包覆並置於冷藏室使其再次變硬。

step3 烤焙麵團

製作增加光澤的蛋液。將C材料充分混合均勻，開始預熱烤箱至150度C。

將14的蛋液塗刷在12和13上面。

在直徑15cm和8cm烤模內側薄薄塗刷一層沙拉油，並將12和13各自放在烤模裡面。以錫箔紙取代也可以。

放入預熱至150度C的烤箱內烤焙45分鐘左右，出爐後置涼（約30分鐘時將烤盤前後對調，然後繼續烤焙15分鐘）。

step 4 收尾

18

將精白砂糖放入鮮奶油中，以打蛋器打發至8分左右（下方有小鉤，軟軟的且不會挺立）。

將 8 的奶油移至攪拌盆中，以橡皮刮刀攪散至無結塊。

取50g的 **18** 加入 **19** 裡面，充分攪拌均勻。

將剩餘的 **18** 和 **20** 各自填入擠花袋中（這次使用圓形花嘴）。

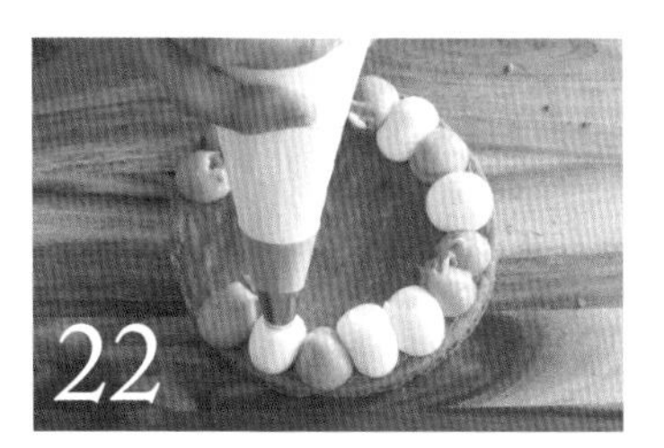

將 **21** 擠在 **17** 上面作為裝飾。

擺放大量切片草莓。

依個人喜好添加香草植物作為妝點。

填入擠花袋之前⋯

打發至8分左右的鮮奶油過於鬆軟，不利於擠花，建議再以打蛋器打發至尖角挺立後填入擠花袋中。

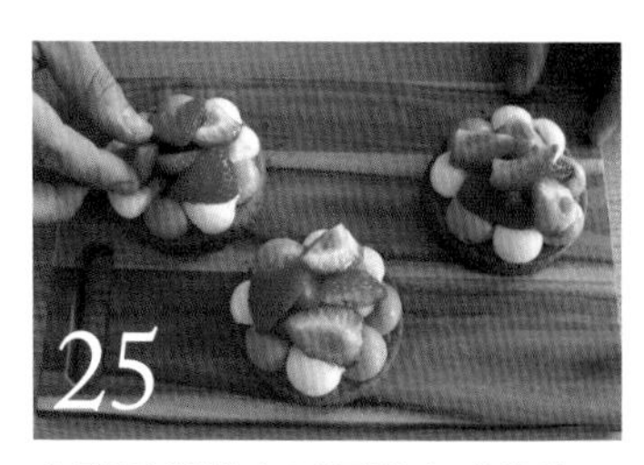

小型蛋糕塔也以同樣方式裝飾。隨意擺放草莓，營造自然時尚感。

no.23

Cookie cream puffs

使用布魯塞爾布雷斯特泡芙麵團製作

餅乾泡芙

為了打造中空造型，
這次刻意使用豆漿，
一道充滿獨特創意的甜點食譜。
使用製作布魯塞爾布雷斯特泡芙的酥脆麵團
搭配滿滿的濃郁奶油，
盡情享受最接近完美的美味可口泡芙。

所需時間
3小時30分鐘 ＋2小時冷卻

材料《直徑4cm約10個分量》

◆酥皮泡芙（sable cream puff）

A｜精白砂糖 ••• 35g
　｜低筋麵粉 ••• 35g

無鹽奶油 ••• 35g

◆外交官奶油餡

〔卡士達奶油醬〕

B｜牛奶 ••• 200g
　｜香草莢 ••• 1/4枝

C｜精白砂糖 ••• 40g
　｜蛋 ••• 1顆
　｜蛋黃 ••• 1顆

低筋麵粉 ••• 15g
無鹽奶油 ••• 15g

〔鮮奶油〕

鮮奶油（40%）••• 250g
精白砂糖 ••• 20g

◆泡芙麵團

蛋 ••• 2顆

X｜豆漿 ••• 100g
　｜（使用牛奶的情況，牛奶50g＋水50g）
　｜無鹽奶油 ••• 42g
　｜鹽 ••• 1小撮

Y｜低筋麵粉 ••• 45g
　｜高筋麵粉 ••• 8g

糖粉 ••• 依個人喜好添加

準備

• 將製作酥皮泡芙的無鹽奶油切成骰子狀並置於冷藏室裡冷卻備用。

• 將製作泡芙麵團的雞蛋置於室溫下退冰。

• 製作泡芙麵團時之所以使用豆漿，是因為豆漿含水量比牛奶多，加熱時比較容易膨脹。容易形成中空的話，就可以填入更多外交官奶油餡（是指卡士達奶油醬和鮮奶油混合一起的奶油餡）。

• 烤箱預熱至180度C備用（於步驟13開始預熱最為理想）。

step1 製作酥皮泡芙

同布魯塞爾布雷斯特泡芙（P.80）的步驟1～4製作酥皮泡芙。以擀麵棍將麵團延展至大約3mm厚度。

壓出10個左右直徑6cm的圓形麵皮，排列於砧板上並包覆保鮮膜，靜置於冷凍庫裡冷卻備用。

製作卡士達奶油醬

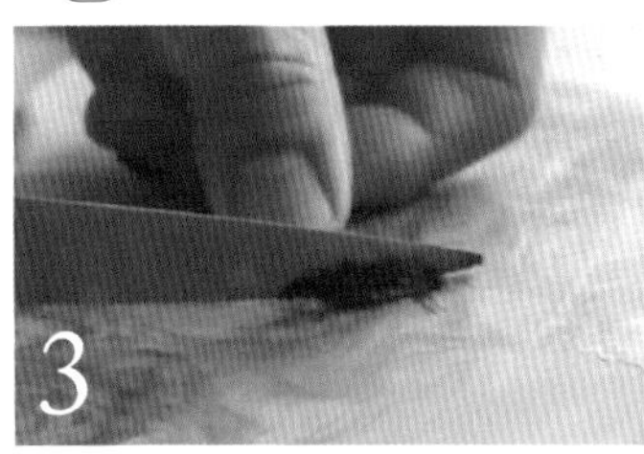

以菜刀對半剖開香草莢，從頭部刮至尾部取出香草籽。同時使用香草籽和香草莢。

B材料放入鍋裡，以小火加熱至沸騰前關火。取1小撮C分量內的精白砂糖放入鍋裡一起煮，牛奶表面比較不容易形成薄膜。

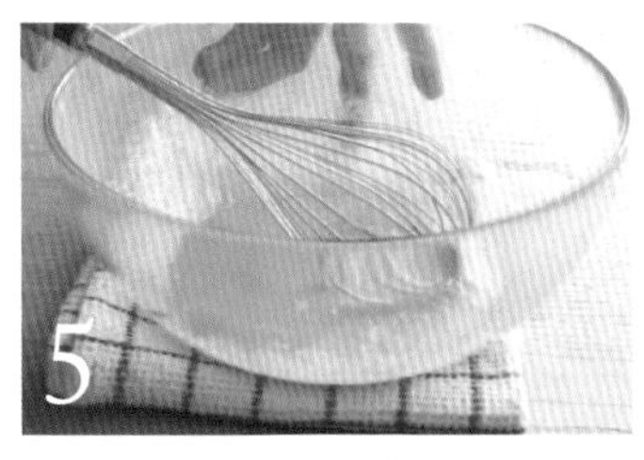

C材料放入攪拌盆中，以打蛋器攪拌至顏色偏白。

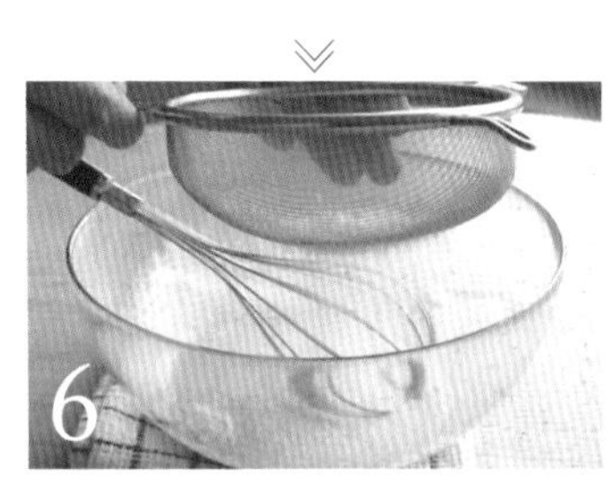

過篩低筋麵粉至5裡面，充分攪拌均勻。

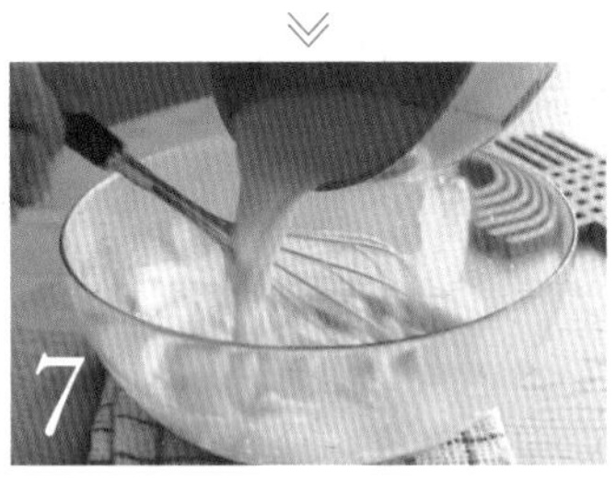

慢慢將4倒入6裡面並混合均勻。

以篩網將7過篩至鍋裡。

以中小火加熱**8**，並以打蛋器持續攪拌。

持續攪拌**9**，當鍋底冒出蒸氣且出筋時關火。關火後再次充分攪拌就會變成黏稠且滑順的奶油。

將無鹽奶油放入**10**裡充分拌勻。

移至平底容器中，以保鮮膜密封並置涼。置於冷藏室約2個小時冷卻。卡士達奶油醬製作完成。之後再於step4中製作成外交官奶油餡。

盡快置於冷藏室冷卻

卡士達奶油醬容易腐敗，完成後盡快冷藏。最重要的是必須讓奶油醬由內到外都徹底冷卻。置於平底容器中並盡量將奶油醬平鋪，有助於快速散熱。或者將容器置於保冷劑冰袋或冰塊中，更能有效加速冷卻。

同布魯塞爾布雷斯特泡芙（P.80）的步驟**13**～**19**製作泡芙麵團。開始預熱烤箱至180度C。

將**13**的泡芙麵團填入擠花袋中，在鋪有烘焙紙的烤盤上擠出一球一球麵團（每一球約20g）。為了讓麵團大小一致，可以使用磅秤測量重量。

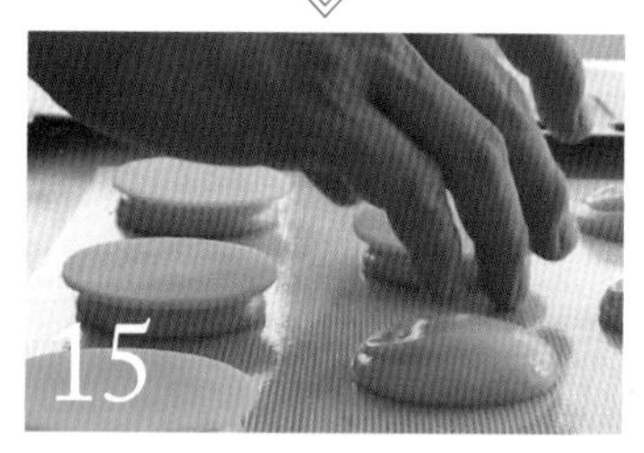

將**2**的酥皮泡芙麵團逐一擺在**14**上面。

放入預熱至180度C的烤箱中烤焙40分鐘左右。接著將溫度降低至150度C，繼續烤焙10～15分鐘（若想讓烤色均勻，可以前後對調烤盤）。

出爐後置涼備用。

step4 製作外交官奶油餡

將精白砂糖倒入鮮奶油中，打發至7分發左右。

將**12**倒入攪拌盆中，以橡皮刮刀刮刀打散。然後將**18**分2次倒進去並混合均匀。第1次務必攪拌均勻。

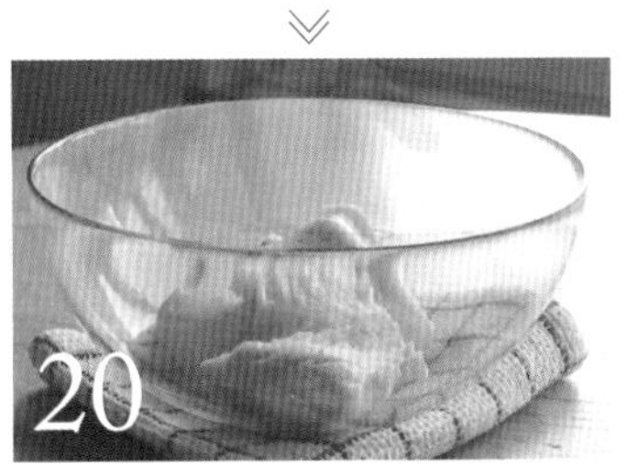

第2次大致混拌一下就好。完成外交官奶油餡。

step5 收尾

將**20**填入擠花袋中。

從**17**的底部擠奶油餡（1個約50g）。

擠奶油餡的訣竅

以湯匙柄或花嘴尖端在泡芙麵團底部戳一個洞，方便將奶油從洞孔擠進去。

撒上糖粉就完成了。

Mini Column
比利時的下午茶時間

添加砂糖的綠茶
Thē vert

歐洲人的習慣是「飲用加糖的綠茶」，而這也是我初次造訪比利時感受到的文化衝擊之一。比利時的綠茶不像日本綠茶那麼濃厚，請大家想像好比添加水蜜桃等香氣的「調味茶」。前往咖啡館點杯綠茶時，端上桌的通常是一杯掛有綠茶茶包的馬克杯搭配砂糖。起初我感到很驚訝，但多喝幾次後發現添加砂糖的綠茶其實挺好喝的。另外也有不少店家像P.63所介紹的以自製冰紅茶（Thé glacé maison）的方式來調製冰綠茶，這款冰綠茶更加清新爽口且美味。

no.24

Hojicha latte mousse cake

使用瑪德蓮小蛋糕麵團製作

焙茶拿鐵慕斯蛋糕

對初學者來說或許有點困難，
但活用焙茶瑪德蓮小蛋糕（P.48）的製作方法，
肯定能做出完全不輸專業甜點師的慕斯蛋糕。
香氣濃郁的焙茶拿鐵慕斯，披覆鮮豔亮澤的淋醬。
「已經吃膩瑪德蓮小蛋糕」的人，請務必嘗試挑戰！

所需時間
4小時5分鐘 + 3小時發酵
一晚冷卻凝固
一晚發酵

材料
《直徑7.5cm矽膠甜甜圈模6個分量》

◆焙茶瑪德蓮小蛋糕

無鹽奶油 ••• 86g
蛋 ••• 2顆
A | 精白砂糖 ••• 86g
| 低筋麵粉 ••• 40g
| 杏仁粉 ••• 38g
| 高筋麵粉 ••• 10g
| 發粉 ••• 1.5g
| 焙茶茶葉 ••• 8g

◆焙茶拿鐵慕斯

B | 冷水 ••• 10g
| 明膠粉 ••• 2g
牛奶 ••• 80g
焙茶茶葉 ••• 6g
蛋黃 ••• 2顆
精白砂糖 ••• 12g
白巧克力 ••• 80g
鮮奶油（35%）••• 180g

◆牛奶巧克力淋醬

C | 冷水 ••• 22.5g
| 明膠粉 ••• 4.5g
D | 精白砂糖 ••• 63g
| 水飴 ••• 60g
| 水 ••• 42g
牛奶 ••• 25g
鮮奶油（35%）••• 10g
牛奶巧克力 ••• 35g
白巧克力 ••• 35g

◆披覆巧克力醬

牛奶巧克力 ••• 150g
椰子油 ••• 50g
水果堅果棒 ••• 40g

巧克力裝飾 ••• 依個人喜好添加

準備

• 烤焙瑪德蓮小蛋糕時，於矽膠模內側塗刷薄薄一層沙拉油（分量外）。

• 牛奶巧克力、白巧克力切細碎備用。

• 烤箱預熱至150度C備用（於步驟1開始預熱最為理想）。

step 1 製作焙茶瑪德蓮小蛋糕

預熱烤箱至150度C。同P.48瑪德蓮小蛋糕（焙茶口味）的步驟1～7製作麵糊，並將麵糊倒入矽膠甜甜圈模中，約一半高度就好。

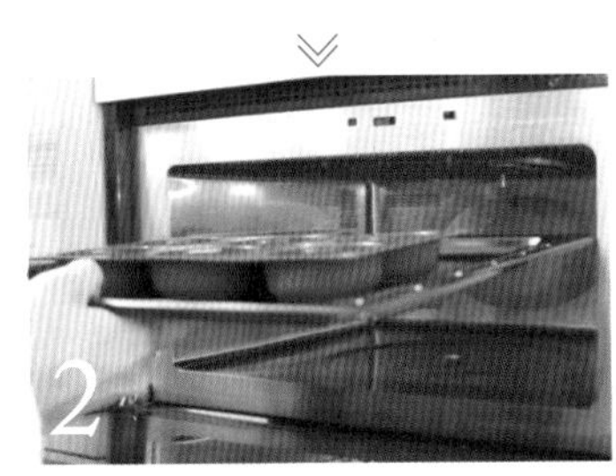

放入預熱至150度C烤箱中烤焙18～20分鐘。

出爐後置涼備用。於隔天收尾的話，冷卻後包覆保鮮膜（避免乾燥）並置於冷藏室裡。

step 2 製作焙茶拿鐵慕斯

充分攪拌混合B材料，置於冷藏室裡膨脹備用。

鍋裡倒入牛奶，以小火加熱至沸騰前。

將5倒入裝有焙茶茶葉的耐熱容器中，蓋上保鮮膜悶蒸5分鐘左右。

以篩網過篩6至鍋裡，過濾掉茶葉。在這之前，先量測鍋子重量以利之後作業的流暢。

添加牛奶（分量外）讓7達80g重，再次以小火加熱。

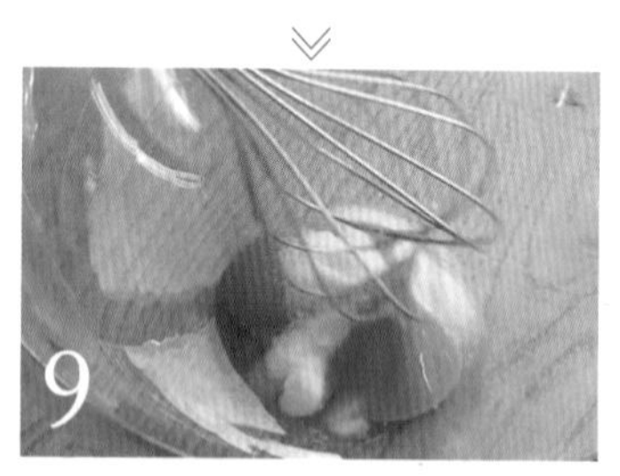

將蛋黃和精白砂糖倒入攪拌盆中，以打蛋器混合均勻。

將加熱至沸騰前的8後注入9裡面，持續攪拌混合均勻。

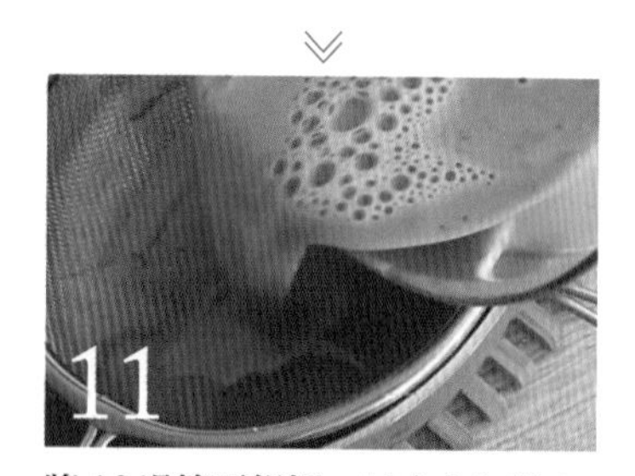

將10過篩至鍋裡，以小火加熱。

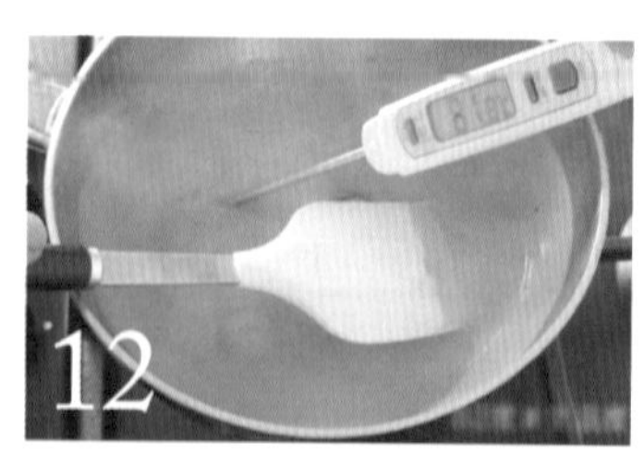

以橡皮刮刀充分攪拌11，當溫度上升至82度C時關火。

將4倒入12裡面，充分攪拌均勻。

將13注入裝有白巧克力的容器中，以攪拌機攪拌至滑順，然後移至攪拌盆中冷卻備用。趕時間的話，將攪拌盆放在水中，並以橡皮刮刀攪拌加速冷卻。

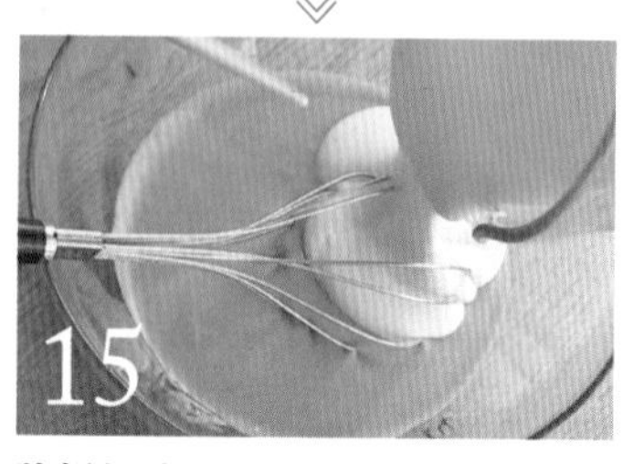

將鮮奶油打發至7分發。待14降溫至25度C左右後加入鮮奶油並拌勻。先以打蛋器混拌在一起，接著以橡皮刮刀像是從盆底撈取般大幅度攪拌。

將15填入裝好花嘴的擠花袋中，擠入矽膠甜甜圈模中，約8分滿。置於冷凍庫裡一晚冷卻凝固。

確實凝固

為了使成品表面光滑古溜，務必確實冷凍使其凝固。若凝固時間不夠，不僅難以順利脫模，表面也會變得乾巴巴。請務必預留冷卻凝固的時間。

step 3 製作牛奶巧克力淋醬

將C材料充分拌勻並置於冷藏室膨脹備用。

D材料倒入鍋裡，以小火加熱。以橡皮刮刀輕輕攪拌精白砂糖，之後盡量靜置不再攪拌。

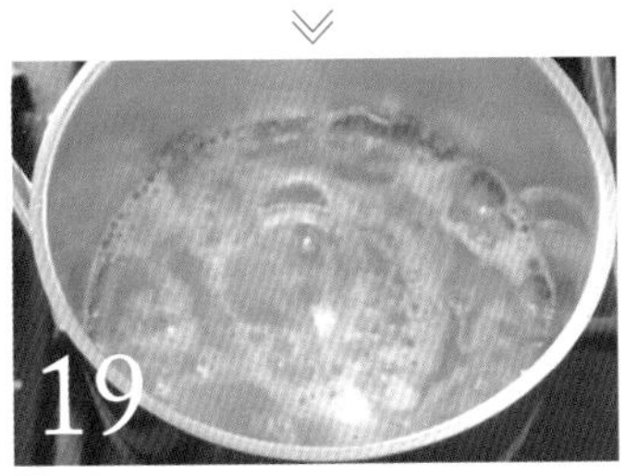

以溫度計測量，溫度達115度C後關火。大泡泡會逐漸變小變細。

將**17**倒入**19**裡面充分拌勻。

將牛奶和鮮奶油倒入**20**裡面充分拌勻。

將**21**倒入裝有牛奶巧克力和白巧克力的容器中，以攪拌機充分混拌至滑順。

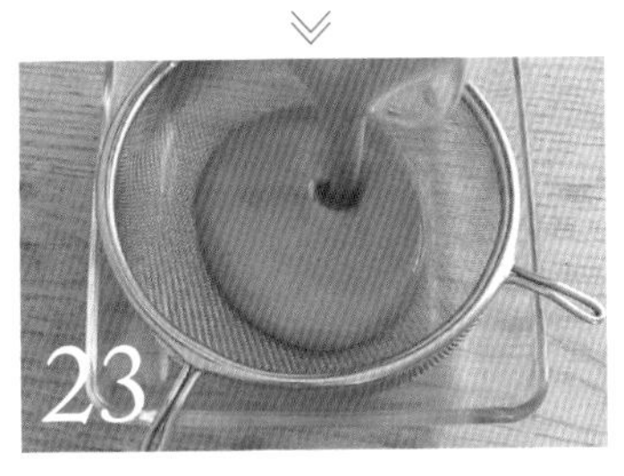

過篩**22**至耐熱容器中。

以保鮮膜覆蓋密封**23**，置於冷藏室發酵一晚。

收尾

以菜刀切平**3**的表面，完成後置於冷藏室裡冷卻，直到進行披覆作業時再取出。這樣才能使巧克力淋醬容易沾附在表面。

製作披覆用巧克力淋醬。將切細碎的巧克力和椰子油倒入耐熱碗中。

以500W微波爐加熱**26**，大約20～30秒。重複數次並於巧克力融化後充分拌勻。

將水果堅果棒切細碎，倒入**27**裡面拌勻。

除了25上方切平的那一面，其餘部位都淋上28的巧克力淋醬，排列於鋪有OP透明薄膜的砧板上。以牙籤刺在切割面上會比較容易作業。

若沒有OP透明薄膜，可以使用保鮮膜取代，但注意保鮮膜比較容易破裂。

以500W微波爐加熱24，大約30秒。差不多融化至一半時，移至有類似壺嘴設計的容器中。

以攪拌機攪拌31的淋醬至滑順狀態，並且調溫至30度C左右。

將16的焙茶拿鐵慕斯脫模，排列於網架上。網架下方先擺好盛接用的盤子。

取一半分量的32淋醬，淋在3個33的上面。第一次淋醬3個，從步驟35開始再淋醬另外剩餘的3個。

用刮板集中滴落在盤子裡的淋醬，再次倒入附有類似壺嘴設計的容器中，並且再次以微波爐調溫至30度C。

調溫後淋在剩餘的3個慕斯上面。

使用抹刀輔助將步驟36中淋醬的焙茶拿鐵慕斯擺在30的上面。

以抹刀插入網架和慕斯之間，在網架上以畫圓方式移動便能切割滴落的多餘淋醬，完美取下慕斯。

依個人喜好添加巧克力作為裝飾後就完成了。

將剩餘的巧克力淋醬倒入容器中並以保鮮膜密封，置於冷凍庫裡可保存2個月左右。製作慕斯時，解凍後依上述步驟操作，可再次作為淋醬使用。

no.25

Super rich crumble blueberry cheesecake

超濃郁奶酥
藍莓起司蛋糕

滿滿奶油起司的超濃郁起司蛋糕，
搭配酥脆可口的奶酥，再加上具襯托效果的主角－藍莓。
製作步驟非常簡單，在家也能輕鬆做，
起司蛋糕的美味連專家也讚不絕口。
特別推薦給喜歡起司的人。

所需時間
2小時 ＋一晚發酵

材料《直徑15cm烤模1個分量》

無鹽奶油（烤模用）••• 適量

◆奶酥

A
- 低筋麵粉 ••• 75g
- 精白砂糖 ••• 60g
- 杏仁粉 ••• 15g

無鹽奶油 ••• 60g

◆藍莓起司蛋糕

奶油起司 ••• 400g

精白砂糖 ••• 100g

蛋黃 ••• 2顆

鮮奶油（35%）••• 120g

低筋麵粉 ••• 20g

檸檬汁 ••• 20g

藍莓 ••• 適量

準備

• 將製作奶酥用的無鹽奶油切成骰子狀，置於冷藏室裡冷藏備用。

• 奶油起司置於室溫下回溫變軟備用。

• 剪裁一張寬度比烤模高的烘焙紙備用。

• 烤箱預熱至160度C備用（用於烤焙奶酥。於步驟1開始預熱最為理想）。

• 烤箱預熱至170度C備用（用於收尾。於步驟14開始預熱最為理想）。

step 1 製作奶酥麵團

在烤模內側塗刷薄薄一層無鹽奶油，並將事先裁切好的烘焙紙緊密貼合於烤模內側。開始預熱烤箱至160度C。

A材料放入食物調理機中確實混合均勻。

接著放入無鹽奶油，將奶油攪拌得更細碎，整體呈細片狀。注意攪拌過度容易變黏糊，大約攪拌至奶油呈細碎片狀就可以停止。

將3倒入1的烤模中並平鋪於烤模底部。不要壓得太緊密，才能享受酥脆口感。

將4剩餘的奶酥麵團放入平底容器中，置於冷凍庫裡備用。沒有蓋上保鮮膜也OK（維持細片狀態直接凝固）。

放入預熱至160度C的烤箱中烤焙25～30分鐘。

出爐後置涼備用。

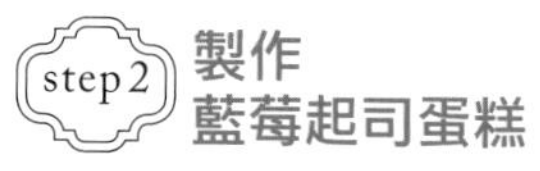

step 2 製作藍莓起司蛋糕

奶油起司倒入攪拌盆中，以橡皮刮刀拌開。

將精白砂糖倒入8裡面，充分拌勻。

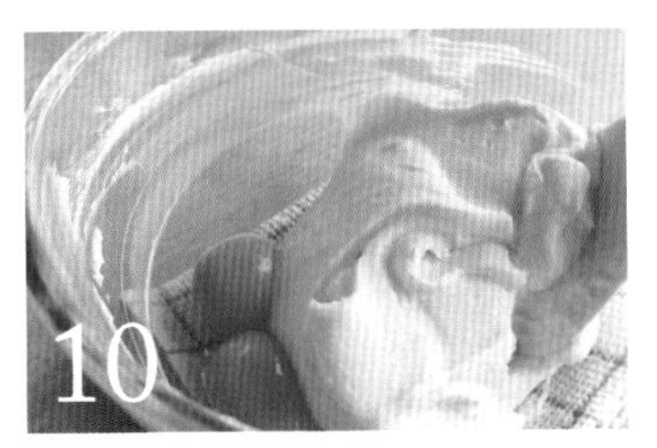

將蛋黃倒入**9**裡面，充分拌勻。

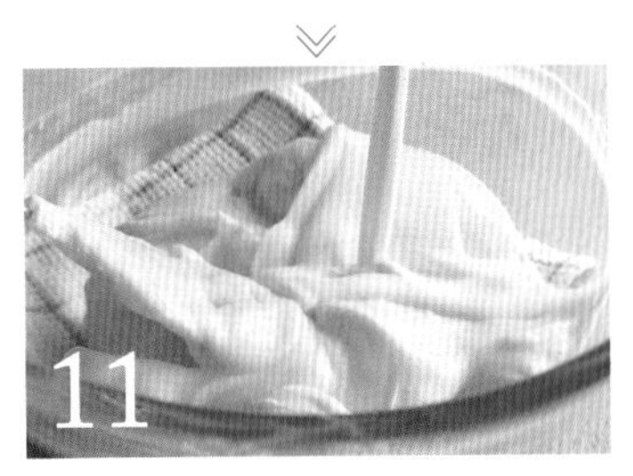

將鮮奶油分4～5次倒入**10**裡面，每次都要充分混合均勻。

過篩低筋麵粉至**11**裡面，並以橡皮刮刀大致混拌在一起。

在**12**裡面添加檸檬汁並拌勻。

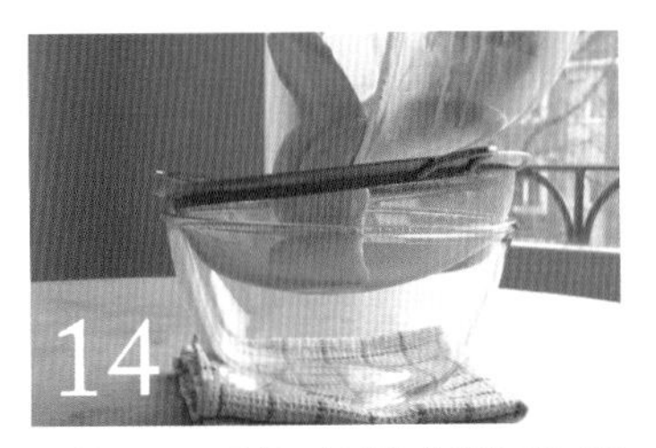

過篩**13**。過篩可以使麵糊更加滑順，口感更好。開始預熱烤箱至170度C。

取一半分量的**14**倒在**7**的上面。

將藍莓鋪滿**15**上面。

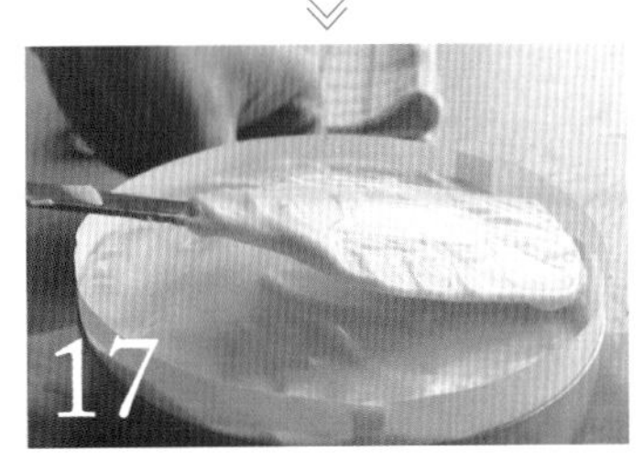

倒入另外一半的**14**，將表面抹平。

在**17**上面鋪滿藍莓和**5**的奶酥。

放入預熱170度C的烤箱中烤焙40～50分鐘（約30分鐘時將烤盤前後對調，再繼續烤焙10～15分鐘）。出爐後置涼備用。

19冷卻後脫模並以保鮮膜包覆，靜置於冷藏室一晚。奶酥黏在烤模上不易脫模時，可以用菜刀插入側面輕輕劃一圈。

置於冷藏室一晚，然後撕掉烘焙紙就大功告成了。

PROFILE

Les sens ciel

居住在比利時的甜點師、巧克力師傅。父親為法式料理廚師，從小耳濡目染下，立志成為甜點師。曾在日本數家甜點店當學徒，之後前往巧克力大本營的比利時，成為一名巧克力師傅。2015年，在比利時一場號稱新人最能一舉成名的甜點師大賽中獲得冠軍。2019年，在巧克力世界大賽「The International Chocolate Awards World Final」中榮獲銀牌。並且自2018年起，開始於YouTube建立個人頻道，定期上傳甜點食譜和旅遊等相關影片。美麗動人的影片搭配優雅的BGM，因深具療癒效果而吸引不少人訂閱。第一本書籍《ベルギーパティシェがていねいに教える とっておきのごほうびスイーツ》也獲得相當不錯的評價。

Twitter @Lessensciel2
Instagram @ lessensciel.recette

TITLE

比利時糕點師　常溫甜點　極致工法

STAFF

出版　瑞昇文化事業股份有限公司
作者　Les sens ciel
譯者　龔亭芬

總編輯　郭湘齡
文字編輯　張聿雯　徐承義
美術編輯　許菩真
排版　二次方數位設計　翁慧玲
製版　印研科技有限公司
印刷　龍岡數位文化股份有限公司

法律顧問　立勤國際法律事務所　黃沛聲律師
戶名　瑞昇文化事業股份有限公司
劃撥帳號　19598343
地址　新北市中和區景平路464巷2弄1-4號
電話　(02)2945-3191
傳真　(02)2945-3190
網址　www.rising-books.com.tw
Mail　deepblue@rising-books.com.tw

初版日期　2023年1月
定價　360元

ORIGINAL JAPANESE EDITION STAFF

撮影・イラスト　レソンシエル
デザイン　塙 美奈、清水真子［ME＆MIRACO］
DTP　山本秀一、山本深雪［G-clef］
校正　麦秋アートセンター
写真編集　酒井俊春［SHAKE PHOTOGRAPHIC］
英語監修　福井睦美
編集協力　宮本香菜

國家圖書館出版品預行編目資料

比利時糕點師 常溫甜點極致工法 = From the kingdom of Belgium/Les sens ciel作；龔亭芬譯. -- 初版. -- 新北市：瑞昇文化事業股份有限公司, 2023.01
128面；18.2 X 25.7公分
ISBN 978-986-401-601-3(平裝)
1.CST: 點心食譜

427.16　　111019187

BELGIUM PATISSIER GA TEINEI NI OSHIERU TEIBAN DAKEDO GOKUJO NO YAKI GASHI